U0255637

计 算 机 科 学 丛 书

软件定义网络
系统方法

[美]
拉里·彼得森（**Larry Peterson**）
卡梅隆·卡斯克尼（**Carmelo Cascone**）
布莱恩·欧康纳（**Brian O'Connor**）
托马斯·瓦丘斯卡（**Thomas Vachuska**）
布鲁斯·戴维（**Bruce Davie**）
著

林欣 朱利 译

Software-Defined Networks
A Systems Approach

机械工业出版社
China Machine Press

图书在版编目（CIP）数据

软件定义网络: 系统方法 /（美）拉里·彼得森（Larry Peterson）等著; 林欣, 朱利译 . -- 北京: 机械工业出版社, 2021.11（2023.1 重印）
（计算机科学丛书）
书名原文: Software-Defined Networks: A Systems Approach
ISBN 978-7-111-69568-4

I. ①软… II. ①拉… ②林… ③朱… III. ①计算机网络 – 网络结构 IV. ① TP393.02

中国版本图书馆 CIP 数据核字（2021）第 230655 号

北京市版权局著作权合同登记 图字：01-2021-3389 号。

软件定义网络（SDN）正在用开源方式取代专有硬件和控制软件，受到云供应商、电信公司和企业欢迎的同时，也促进了网络的创新发展。本书由五位网络专家撰写，对 SDN 技术做了全面的介绍，强调底层概念、抽象和设计原理。书中详述了 SDN 架构，包括三层架构、硬件组成、软件栈及网络操作系统，并用实例叶 – 脊结构进行具体说明；深入讨论了固定功能和可编程交换芯片、用于编程和控制交换的基于 P4 的工具链，以及一系列 SDN 用例，包括来自企业、数据中心和接入网络的实例。此外，本书还提供动手编程练习（可从 GitHub 下载）。

出版发行：机械工业出版社（北京市西城区百万庄大街 22 号 邮政编码：100037）
责任编辑：刘立卿 责任校对：殷 虹
印　　刷：北京捷迅佳彩印刷有限公司 版　　次：2023 年 1 月第 1 版第 2 次印刷
开　　本：185mm×260mm 1/16 印　　张：7.5
书　　号：ISBN 978-7-111-69568-4 定　　价：69.00 元

客服电话：（010）88361066 68326294

本书描述新型通信网络架构——软件定义的网络（SDN），更简洁的叫法是"软件定义网络"，其本质上是一种可扩展的、虚拟化的分布式通信网络。书中涵盖SDN的架构、软硬件组成和可编程性（包含源代码），内容很完整，是新型网络技术方面难得的好书。

全书共分八章，外加一些网站上的扩展阅读资源。前两章介绍SDN的概念和应用情况；中间四章讨论SDN的架构和组成，包括三层架构、硬件组成、软件栈及网络操作系统；接下来是SDN架构的实例——叶-脊结构；最后对SDN的未来进行了展望，并给读者提供了编程练习题目。书中强调开源的思想，很多地方都给出了示例性的源代码。本书可以为读者深入研究和实践SDN技术奠定良好的基础。

本书由林欣和朱利翻译，其中：朱利翻译了目录、第5章和第6章，并对专业词汇和译文风格进行了统一，对全部译文进行了校正和质量把控；林欣翻译了其余内容。在翻译过程中，力求忠实于作者的原意，同时也考虑到国内读者的阅读习惯，避免一味地直译。另外，也对原文存在的几处小错误进行了校正。

本人多年从事高等计算机网络与通信的双语教学工作，授课内容中就包含SDN，对计算机网络、通信网络及本书的内容十分熟悉，所以翻译本书还算得心应手。然而，由于时间或认识所限，书中可能会有这样或那样的错误，诚恳地欢迎广大读者批评指正，以便及时纠正。

朱利

2021 年 7 月

　　1993 年，当我看到最初的 Mosaic 浏览器时，感到非常惊奇。很明显，有大事要发生了，但当时的我并不知道这件事的影响将会有多么巨大。Internet（因特网）的规模迅速扩大，成千上万家新的 ISP（Internet Service Provider，因特网服务供应商）在各地涌现，根植于一片片新的网络中。这些新的 ISP 需要做的只是将现有的商用交换机、路由器、基站和传统网络设备供应商销售的接入点连接在一起，而无须获得中央控制机构的许可。早期的路由器简单而精练，它们只需要支持 Internet 协议。这样的分散控制促使 Internet 迅速发展。

　　路由器制造商面临一个困境：很难通过销售简单而精练的设备来维持繁荣的盈利业务。再者，如果由简单设备组成的大型网络容易远程管理，那么所有的智能（和价值）都会由网络运营商而非路由器制造商提供。因此，路由器的外部 API 被控制在了最低限度（"网络管理"被认为是一个笑话）。另外，为了使路由器具有各种用途，路由器里"挤满"了新的功能。到了 21 世纪 00 年代中期，ISP 所使用的路由器就非常复杂了，能支持数百种协议，运行的源代码超过了一亿行——具有讽刺意味的是，这比有史以来最庞大的电话交换机复杂十倍以上。Internet 为这种复杂度付出了巨大的代价：路由器臃肿、耗电、不可靠、难以保证安全，而且价格贵得离谱。最糟糕的是，它们很难改进（ISP 需要请求设备供应商添加新的功能），ISP 无法自己添加新的功能。网络所有者抱怨路由器供应商的"垄断"行为，研究界则警告说 Internet 已经"僵化"了。

　　这本书讲述接下来发生的事情，这也是一个令人兴奋的故事。Larry、Carmelo、Brian、Thomas 和 Bruce 通过具体的示例和开源代码清楚地记录下这段故事：那些拥有并运营大型网络的组织开始编写自己的代码，构建自己的交换机和路由器。一些组织选择用更简单、更易于维护的国产设备取代路由器，另一些组织选择将软件从路由器中转移到远程的集中控制平面上。无论选择哪条道路，开源技术都成为越来越重要的一部分。一旦开源技术在 Linux、Apache、Mozilla 和 Kubernetes 上证明了自己，它就可以被信任，也能用来运行我们的网络。

　　这本书解释了 SDN（Software-Defined Networking，软件定义网络）运动发生

的原因。它本质上是关于控制的改变：大型网络的所有者和运营商控制了网络的工作方式，从设备供应商那里夺得了创新的主动权。SDN 始于各种数据中心公司，因为这些公司无法使用现有的网络设备构建足够大的、可向外扩展的网络。于是它们购买了交换芯片，自己编写了软件。这的确帮它们省了钱（通常能够把成本降低到1/5，或降低更多），但它们更期望的是对网络的控制。这些公司雇了大量的软件工程师，试图激起一次网络新思想的"寒武纪"大爆发，使其网络更加可靠，拥有更快的修复速度，并且能够更好地控制网络业务。2021 年的今天，所有的大型数据中心公司都构建了自己的网络设备：这些公司下载并修改开源的控制软件，由自己或委托他人编写新的软件来控制其网络。这些公司已经控制了自己的网络，接下来登场的将是 ISP 和 5G 运营商。可以预见，在十年内，企业和校园网络也将运行在开源的控制软件上，并且通过云进行管理。

这是一个很好的变化，因为只有那些大规模网络的拥有者和运营商才知道如何做到最好。

网络构建的革命将朝着网络运营商开发和维护国产软件的方向发展，这种变化就是软件定义网络。本书作者从一开始就参与了这场革命，他们知道这场革命如何发生以及为什么发生。

他们还帮助我们了解未来的网络将是什么样子。网络系统将不再是一堆运行标准化互操作协议的箱子，而是一个可以自己编程的平台。网络所有者将通过对其所期望的行为编程来决定网络的工作方式。网络专业的学生将学习如何规划一个分布式系统，而不是去学习各种遗留协议中那些晦涩难懂的细节。

对于任何对编程感兴趣的人来说，网络又变得有趣了。这本书将会是一个很好的起点。

Nick McKeown

加利福尼亚州，斯坦福

Internet 正在经历一场变革，即远离捆绑式的专有设备，取而代之的是，将网络硬件（之后将成为商品）从控制它的软件（在云中进行扩展）中分离出来。这种变革通常被称为 SDN（Software-Defined Networking，软件定义网络），但由于它正在颠覆市场，因此很难将业务定位与技术基础、短期工程决策分开。本书提供了一种分解方式，我们希望读者从本书中学到的最重要的东西是，将基于 SDN 的网络看作一个运行在商业硬件上的、可扩展的分布式系统。

任何学习过网络入门课程的人都认为协议栈是描述网络的规范框架。不管这个协议栈有七层还是只有三层，它塑造并限制了我们思考计算机网络的方式。教科书也是据此进行组织和编写的。SDN 提出了另一种世界观——一种由新的软件栈产生的世界观。本书就是围绕这个新的软件栈进行组织和编写的，目的是呈现从上到下的 SDN 之旅，不留下任何可能会被读者怀疑而只能用魔术或专有代码来填补的明显空白。本书末尾处，我们邀请你亲自做一些编程练习，从而向自己证明这个软件栈既是真实的，又是完整的。

实现这个目标的一个重要方面是使用开源代码。我们在很大程度上是通过利用两个先进的社区组织来做到这一点的。第一个社区组织是 OCP（Open Compute Project，开放计算项目），它正在积极指定和认证运行 SDN 软件栈的商业硬件（例如裸机交换机）。第二个社区组织是 ONF（Open Networking Foundation，开放网络基金会），它正在积极实施一套可以被集成到端到端解决方案中的软件组件。在这个领域内还有许多其他的参与者，从现有的供应商到网络运营商、初创公司、标准机构和其他开源项目，它们每一个都对 SDN 是什么、不是什么提供了不同的解释。我们讨论这些不同的观点，并解释它们将如何融入更大的计划中，但是不会让这些观点阻碍我们描述 SDN 的全面性。只有时间会告诉我们，SDN 之旅将带我们去向何方，但我们相信，理解"机会的范围"是十分重要的。

本书假定读者对 Internet 仅有大致了解，当然，对交换机和路由器在转发以太网帧和 IP（Internet Protocol，网际协议）数据包的过程中所起的作用有更深入的理解，将会有助于读者阅读本书。本书还包括指向相关背景信息的链接，以帮助读者弥补知识空白。本书还有待完善，我们渴望得到你的反馈和建议。

致谢

本书中介绍的软件源于 ONF 工程团队以及与该团队一起工作的开源社区的辛勤工作。我们感谢团队和社区成员的贡献，并特别感谢 Yi Tseng、Max Pudelko 和 Charles Chan，感谢他们对本书所包含的实践练习教程所做的贡献。我们也要感谢 Charles Chan、Jennifer Rexford 和 Nick McKeown 对初稿的反馈。

Larry Peterson、Carmelo Cascone、Brian O'Connor、Thomas Vachuska 和 Bruce Davie

2020 年 12 月

本书的电子版可在 GitHub 上找到，可在 Creative Commons（CC BY-NC-ND 4.0）许可的条款下使用。也邀请社区同行在同样的条件下提供更正、改进、更新和新材料。

如果你使用本作品，属性中应包括以下信息：

Title: Software-Defined Networks: A Systems Approach

Authors: Larry Peterson, Carmelo Cascone, Brian O'Connor, Thomas Vachuska, and Bruce Davie

Source: https://github.com/SystemsApproach/SDN

License: CC BY-NC-ND 4.0

阅读本书

本书属于"系统方法系列"（参见 https://www.systemsapproach.org），其在线版本发布在 https://sdn.systemsapproach.org 上。

要跟踪进度并接收有关新版本的通知，你可以在 Facebook 和 Twitter 上关注该项目。要阅读关于 Internet 如何演化的评论，请阅读系统方法博客（Systems Approach Blog）。

构建本书

要构建 Web 上阅读的版本，你首先需要下载源文件：

```
$ mkdir ~/SDN
$ cd ~/SDN
$ git clone https://github.com/SystemsApproach/SDN.git
```

构建过程存储在 Makefile 中，需要安装 Python。Makefile 将创建一个安装文档生成工具集的虚拟环境（doc_venv）。

要在 _build/html 中生成 HTML，请运行

```
$ make html
```

要检查本书的格式，请运行

```
$ make lint
```

要查看其他可用的输出格式，请运行

```
$ make
```

对本书的贡献

如果你使用了本作品，我们希望你也愿意为它做出贡献。如果你是开源新手，可以查看"如何为开源做出贡献"的指南（参见 https://opensource.guide/how-to-contribute/）。除此之外，你会学习如何发布期望解决的问题，并发出拉取请求（Pull Request），将你的改进合并到 GitHub 中。

Larry Peterson 是普林斯顿大学计算机科学系 Robert E. Kahn 教授，荣休教授，他于 2003 ~ 2009 年在普林斯顿大学担任系主任。他的研究专注于因特网规模的分布式系统的设计、实现和操作，包括广泛使用的 PlanetLab 和 MeasurementLab 平台。他目前在开放网络基金会（ONF）领导 CORD 和 Aether 接入边缘云项目，并担任首席技术官。Peterson 是美国国家工程院院士，ACM 和 IEEE 会士，2010 年获得 IEEE Kobayashi 计算机与通信奖，2013 年获得 ACM SIGCOMM 奖。他于 1985 年在普渡大学获得博士学位。

Carmelo Cascone 是开放网络基金会的技术人员，目前领导 ONF 项目中采用可编程交换机、P4 和 P4Runtime 的技术活动，例如 ONOS、CORD 和 Aether。Cascone 于 2017 年在米兰理工学院与埃科尔理工学院合办的一个项目中获得了米兰理工学院的博士学位。他对计算机网络和系统有着广泛的兴趣，专注于数据平面的可编程性和软件定义网络。

Brian O'Connor 是开放网络基金会的技术人员，目前领导有关采用交换机操作系统的技术活动。O'Connor 分别于 2012 年和 2013 年获得斯坦福大学计算机科学学士和硕士学位。

Thomas Vachuska 是开放网络基金会的首席架构师，目前领导 ONOS 项目。在加入 ONF 之前，Vachuska 是惠普的软件架构师。Vachuska 于 1994 年获得加州州立大学萨克拉门托分校的数学学士学位。

Bruce Davie 是一位计算机科学家，以其在网络领域的贡献而闻名。他曾任 VMware 亚太区副总裁兼首席技术官。在收购 SDN 初创公司 Nicira 期间，他加入了 VMware。在此之前，他是思科系统公司的研究员，领导着一个负责 MPLS（Multi-Protocol Label Switching，多协议标签交换）的架构师团队。Davie 拥有超过 30 年的网络行业经验，并与人合著了 17 份 RFC。2009 年，他成为 ACM 会士，并于 2009 ~ 2013 年担任 ACM SIGCOMM 主席。他还在麻省理工学院做了五年客座讲师。Davie 著有多本书籍，拥有 40 多项美国专利。

绪　　论

SDN 是我们实现网络的一种方法，它很重要，因为它影响着创新的步伐。SDN 并没有直接解决路由、拥塞控制、流量工程、安全性、移动性、可靠性或实时通信方面的任何技术挑战，但它确实为创建和部署针对这些问题及类似问题的创新解决方案提供了新的机遇。的确，SDN 如何实现这一点对业务和技术都有影响，我们将在本书中对此进行讨论。

我们的方法是通过系统的角度来看待 SDN，也就是说，我们探讨了一组设计原理，这些设计原理指导着实现 SDN 之旅（一段仍在进行中的旅程），而不是将 SDN 视为某一点的解决方案来进行讨论。我们的方法强调概念（将抽象引入网络技术，这是 SDN 原始案例的关键部分），但是为了让讨论更加具体，我们还借鉴了过去 6 年来在一系列开源平台上实施的经验。这些平台被用来向生产网络（包括一级网络运营商）提供基于 SDN 的解决方案。

对软件栈的关注是本书的中心主题。由于 SDN 是一种构建网络的方法，因此需要一组软件和硬件构件来将这种方法付诸实践。在 GitHub 上可以找到我们所使用的开源代码示例，其中包含书中各处的代码和实践编程练习的链接。

在深入细节之前，了解一下 SDN 的起源将会是很有帮助的。SDN 最初是计算机科学研究界为解决 Internet 的僵化问题而提出的，为了更快速地创新，对其进行了开放。这段历史在 Feamster、Rexford 和 Zegura 的一篇文章中有很好的记载。

扩展阅读

N. Feamster, J. Rexford, and E. Zegura. The Road to SDN: An Intellectual History of Programmable Networks. SIGCOMM CCR, April 2014.

我们在这段历史上加了两个脚注。第一个是 2001 年美国国家研究院的报告，它将 Internet 的僵化作为一项重大挑战，引起了人们的关注。在此过程中，这份报告促进了长达 20 年的研发工作。这项研究的成果现在正直接影响着云供应商、企业和 ISP 所共同部署的网络。

扩展阅读

Looking Over the Fence at Networks: A Neighbor's View of Networking Research. The National Academies Press, 2001.

第二个是 Scott Shenker 的代表性报告，该报告为 SDN 提供了理智的论据。理解 Shenker 演讲的中心论点（构建和运营网络时，利用抽象来管理复杂性是非常有必要的），是理解本书所描述的系统、平台、工具和接口的关键。

扩展阅读

S. Shenker. The Future of Networking and the Past of Protocols. Open Networking Summit, October 2011.

1.1 市场概况

要充分理解 SDN 的作用和最终影响，从关注市场概况开始非常重要。SDN 在某种程度上被认为是一种转变市场的方式，其灵感来自计算行业在过去几十年中经历的转变。

从历史的角度看，计算行业是一个*垂直市场*。这意味着一个需要某种问题（例如财务、设计、分析）解决方案的客户，要从单个供应商（通常是 IBM 这样的大型主机公司）购买一套垂直的、综合的解决方案。这套解决方案包含所有的内容，从底层硬件（包括处理器芯片），到运行在该硬件上的操作系统，再到应用本身。

如图 1 所示，微处理器（例如 Intel x86 和 Motorola 68000）和开源操作系统（例如 BSD Unix 和 Linux）的引入有助于将这一垂直市场转变为水平市场，开放接口在各个层次都促进了创新。

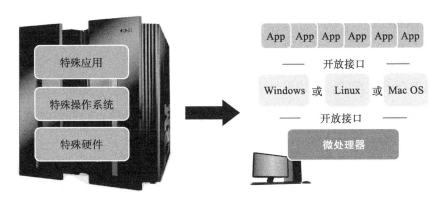

图 1 垂直主机市场向水平市场的转变。每个层次都有开放接口和多种可用的选择

SDN 被视为一项变革倡议，目的是刺激网络行业的变化，正如 2001 年美国国家研究院的报告所述，Internet 已经僵化了。如图 2 所示，最终的目标是一个水平的生态系统，它包含多个网络操作系统，运行在由商用硅交换芯片构建的裸机交换机[⊖]之上，从而实现丰富的网络应用市场。

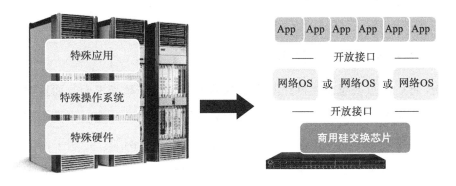

图 2 垂直路由器市场向水平市场的转变。每个层次都有开放接口和多种可用的选择

这种转变的价值是显而易见的。开放原本垂直综合的、封闭的、专有的市场为创新创造了机会，否则就无法获得这些创新机会。或者换一种说法：通过开放这些接口，人们可以将控制权从销售网络设备的供应商处，转移到为满足用户需求而建立网络的网络运营商处。

为了更深入地了解这个机会，我们需要深入了解技术细节（将在下一节中介绍），但将 SDN 的背景知识看作网络行业变革的一种手段，是一个重要的起点。

⊖ "裸机"一词起源于服务器领域，是指未安装操作系统或系统管理程序的机器。类似地，该术语也适用于没有捆绑操作系统或网络应用程序集的交换机。将交换硬件从软件中分离是 SDN 的核心。

1.2　技术概况

在理解了 SDN 是一种方法而不是"点"解决方案之后，在这种方法的核心上定义设计原则会很有帮助。构建设计空间是本节的目标，但一个重要的结论是，存在不止一种可能的最终状态。每个网络运营商都可以自由选择不同的设计点，并据此来构建自己的网络。

也就是说，本书重点描述了 SDN 原理最完整的应用，其有时也被称为纯网络运营的 SDN。鉴于 SDN 的重要目的是瓦解现有的垂直市场，因此，当前的供应商会提供与其已建立的商业模型一致并且易于采用的混合解决方案，这并不奇怪。我们有时将这些混合解决方案称为 SDN-lite（轻量型 SDN），因为它们只利用了 SDN 的某些方面，而不是全部技术。除了指出这些部分解决方案的存在之外，我们并不试图对它们进行百科全书式的介绍。我们的目标是勾画出 SDN 的全部潜能，并尽可能按照当今最先进的技术深度来实现这一目标。

1.2.1　分离控制平面和数据平面

SDN 背后的重要思想是网络具有不同的控制平面和数据平面，而这两个平面的分离应该被编入一个开放的接口中。用最基本的术语来说，控制平面确定网络的行为方式，而数据平面负责在各个数据包上实现该行为。例如，控制平面的一项工作是确定路由数据包是否应该通过网络（也许需要运行诸如 BGP、OSPF 或 RIP 之类的路由协议），而数据平面的工作是沿着这些路由转发数据包，其中交换设备在每一跳上逐数据包地做出转发决策。

实际上，解耦控制平面和数据平面展示出并行但不同的数据结构：控制平面维护一个路由表，其中包含了在给定时间点选择最佳路由所需的任何辅助信息（例如备选路径、它们各自的代价和任何策略约束）；而数据平面维护一个为快速处理数据包而优化的转发表（例如，确定到达端口 i 的任何包含目的地址 D 的数据包应被发送至端口 j，还可以选择包含新的目的地址 D'）。路由表通常被称为路由信息库（RIB），转发表通常被称为转发信息库（FIB），如图 3 所示。

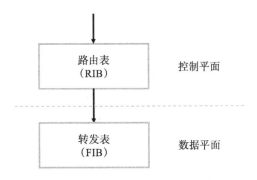

图 3 将控制平面（和相应的路由信息库）从数据平面（和相应的转发信息库）中分离

解耦网络的控制平面和数据平面，其价值是没有争议的。这在网络中是一种成熟的实践，SDN 之前的有些封闭 / 私有路由器就采用了这种水平的模块化。但 SDN 的首要原则是，控制平面和数据平面之间的接口应该是定义良好的并且开放的。这种强大的模块化水平通常被称为分离，它使得由不同的部分负责各自的平面成为可能。

那么原则上说，分离意味着网络运营商应该能够从供应商 X 那里购买其控制平面，从供应商 Y 那里购买其数据平面。虽然这没有立即发生，但分离的一个自然结果是，数据平面组件（即交换机）成为商用数据包转发设备，其通常被称为裸机交换机，所有智能都在软件中实现，并运行在控制平面中[⊖]。这正是计算行业发生的事情——微处理器成为商品。第 4 章将更详细地介绍这些裸机交换机。

控制平面和数据平面分离，意味着需要定义良好的转发抽象——一种通用的方式，用于控制平面指导数据平面以特定方式转发数据包。请记住，分离不应限制某交换机供应商实现数据平面的方式（例如，交换机转发表的确切形式或转发数据包的过程），这个转发抽象不应假定或支持某种数据平面的实现，而不支持另一种数据平面的实现。

最初支持分离的接口叫作 OpenFlow，它是在 2008 年引入的[⊖]，尽管它在启动 SDN 的旅程中起到了很大的作用，但事实证明，它只是今天 SDN 定义内容里的一小部分。将 SDN 与 OpenFlow 相提并论大大低估了 SDN，但 OpenFlow 是一个重要的里程碑，因为它引入了流规则，作为一种简单而强大的方法来描述转发行为。

一条流规则就是一个"匹配 – 动作"对：匹配规则第一部分的任何数据包都应

⊖ 根据我们的统计，目前有超过 15 种被分离出来的控制平面，它们都是开源的或专有的。

⊖ 实际上，OpenFlow 并不是第一个这样做的，却是最吸引人的那一个。早期的工作还包括 Ipsilon 的 GSMP 和 IETF 的 ForCES。

该有应用到它上面的关联动作。例如，一个简单的流规则可能指定任何目的地址为
D 的数据包应当转发到输出端口 i。最初的 OpenFlow 规范允许在规则的匹配部分包
含如图 4 所示的头字段。因此，一个匹配可能指定一个数据包的 MAC 头中的类型
（Type）字段等于 0x800（表示帧携带数据和 IP 数据包），它的 IP 头中的目的地址字
段（DstAddr）包含在某个子网中（例如 192.12.69/24）。

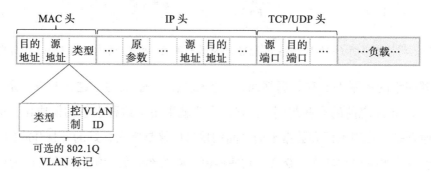

图 4　在最初的 OpenFlow 规范中匹配的头字段

动作最初包含"将数据包转发到一个或多个端口""丢弃数据包"规则，以及一
个"将数据包发送到控制平面"的逃离出口，用于需要控制器（这个术语用来表示
控制平面中运行的进程，负责控制交换机）进一步处理的任何数据包。随着时间的
推移，允许的动作集变得更加复杂，我们将稍后再进行讨论。

基于流规则抽象，每个交换机维护一个流表来存储控制器传递给它的流规则集。
实际上，流表是本节开头所介绍的转发表的 OpenFlow 抽象。OpenFlow 还定义了一
个安全协议，通过该协议，可以在控制器和交换机之间传递流规则，从而可以离开
交换机来运行控制器。这启用了如图 5 所示的配置。

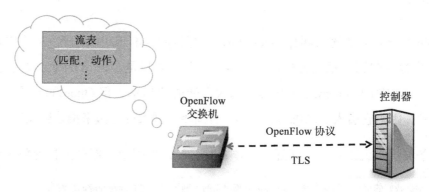

图 5　控制器安全地将流规则传递给支持 OpenFlow 的交换机，交换机维护流表

随着时间的推移，OpenFlow 规范变得越来越复杂（当然，它的定义要比前面的段落精确得多），但是它最初的思想是有意简单化的。当时（2008 年），除了传统的转发路径以外，构建包含"OpenFlow 选项"的交换机是一种激进的想法，是以进行研究为借口提出的。事实上，最初的 OpenFlow 出版物也是为响应研究界的号召而编写的。

扩展阅读

N. McKeown, et. al. OpenFlow: Enabling Innovation in Campus Networks. SIGCOMM CCR, March 2008.

如今，OpenFlow 规范已经过多次修订，并且还在努力制定更灵活的（即可编程的）新规范。在第 4 章中，我们将继续讨论 OpenFlow 和另一种编程语言 P4。

在本节结束时，我们请大家注意两个相关但截然不同的概念：控制和配置。OpenFlow（以及一般的 SDN）的思想是定义一个用于控制数据平面的接口，这意味着对如何响应链路和交换机故障以及其他数据平面事件做出实时决策。如果数据平面报告了一个故障，控制平面需要了解此故障，并通常在几毫秒内提供补救措施（例如新的匹配 / 动作流规则）[⊖]。否则，SDN 所隐含的分离将是不可行的。

同时，网络运营商习惯于配置自己的交换机和路由器。从历史上看，这是使用命令行界面（Command Line Interface，CLI）或（不太常见的）管理协议（例如 SNMP）完成的。回顾图 3，这对应于 RIB 的北向接口（与 RIB 和 FIB 之间的接口相反）。这个接口能够安装新的路由，从表面上看，这似乎相当于安装一个新的流规则。如果一个交换机仅仅公开了一个编程配置接口而不是传统的 CLI，那么它会被认为"具有 SDN 能力"吗？

答案可能是否定的，这取决于在通用性和性能两方面是否都达到了标准。尽管定义良好的编程配置接口肯定是对旧的 CLI 的改进，但它们旨在修改控制平面的各种设置（例如 RIB 项）和其他设备参数（例如端口速度 / 模式），而不是修改数据平面的 FIB。因此，这样的配置接口不太可能支持控制 / 数据平面接口所隐含的全部可编程性，也不太可能支持控制 / 数据平面分离所要求的实时控制环路。简而言之，SDN 的势头产生了某种副作用——改进了交换机和路由器供应商所公开的配置接口

⊖　还有一些事件需要在亚毫秒级的响应时间内引起注意。在这种情况下，有必要在数据平面上采取补救措施，然后通知控制平面，使其有机会对数据平面重新编程。在 OpenFlow 中，快速故障切换组就是一个这样的例子。

（我们将在第 5 章中介绍此类接口的最新技术），但这样做并不能替代 SDN 所需的控制粒度。

需要明确的是，交换机中的所有元素都需要配置。数据平面需要诸如端口速度之类的配置。平台需要风扇、LED 和其他外围设备配置。需要通知交换机上运行的软件，当客户端连接时应使用什么证书以及应设置什么日志级别。控制平面的组件也需要配置。例如，路由代理需要知道其 IP 地址，其邻居是谁以及是否具有静态路由。配置与控制两者间的关键区别在于目的，而更量化地讲，在于更新速率：配置意味着每天可能有数千个更新，而控制意味着每秒可能有数千个更新。

1.2.2　控制平面：集中式与分布式

在分离了控制平面和数据平面之后，下一步要考虑的是如何实现控制平面。一种选择是在交换机上运行实现控制平面的软件。这样做意味着每个交换机将作为一个自治设备运行，在整个网络中与其对等的交换机通信以构建本地路由表。方便的是，已经有一组协议可以用于此目的：BGP，OSPF，RIP，等等。这正是 Internet 过去 30 多年来所采用的分布式控制平面。

这种情形是有价值的。因为分离导致了可以使用商用硅交换芯片构建低成本裸机交换机，网络运营商可以从裸机交换机供应商处购买硬件，然后从其他供应商处加载适当的控制平面软件，甚至可能使用这些协议的开源版本。这样做可能会降低成本，降低复杂度（因为只需要将所需的控制模块加载到设备上），但并不一定能够实现 SDN 承诺的创新速度。这是因为运营商仍然被困在当今的标准化协议隐含的慢节奏的标准化进程中。它也未能提供 SDN 先驱所设想的新的网络抽象（例如前文提到的 Shenker 的报告）。

另一种选择是，控制平面应完全独立于数据平面，并在逻辑上是集中的，这是 SDN 的第二个设计原则。这意味着控制平面是在交换机之外实现的，例如，在云中运行控制器$^{\ominus}$。

我们之所以说是逻辑上集中，是因为虽然控制器收集的状态保持在全局的数据结构（可以将其视为每个交换机路由表的集中式对应物）中，但该数据结构的实现仍可以分布在多个服务器上，如今，这是云托管的横向可扩展服务的最佳实践。这

$\ominus$　为完整起见，我们注意到也可以采用混合方法，一些控制功能在交换机上运行，一些控制功能在交换机之外的云托管控制器上运行。

对于可扩展性和可用性都非常重要，其中的关键是两个平面的配置和扩展彼此独立。如果你在数据平面中需要更多容量，请添加一个裸机交换机。如果你在控制平面中需要更多容量，则可以添加计算服务器（或者更可能的是虚拟机）。

图 6 描述了与分布式数据平面相关联的集中式控制平面，但进一步介绍了这种方法所隐含的关键组件之一：NOS（Network Operating System，网络操作系统）。与服务器操作系统（例如 Linux、iOS、Android、Windows）提供一组高级抽象，使得实现应用更加容易（例如，用户可以读写文件，而不是直接访问磁盘驱动器）一样，NOS 使得实现网络控制功能更加容易，也就是所谓的控制应用。

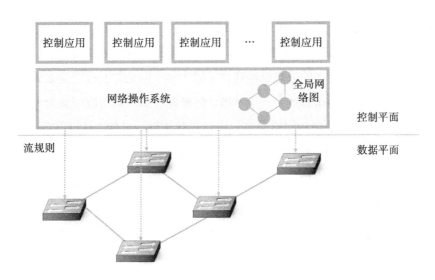

图 6　网络操作系统承载着一组控制应用程序，并为底层网络数据平面提供逻辑上集中的控制点

NOS 背后的思想是抽象交换机的细节，并向应用开发人员提供网络图的抽象。NOS 检测底层网络中的变化（例如交换机、端口和链路的上下变化），而控制应用只是在这个抽象图上实现它想要的行为。这意味着 NOS 承担了采集网络状态（链路状态路由协议和距离向量路由协议等分布式算法中困难的部分）的任务，应用可以自由地在图上运行最短路径算法，并将生成的流规则加载到底层交换机中。链路状态路由算法和距离向量路由算法的介绍可以在线获得。

扩展阅读

Routing. Computer Networks: A Systems Approach, 2020.

通过将这个逻辑集中化，可以做一些以前在分布式网络中不可能做的事情：计算全局优化的方案。正如我们在后面的章节中所讨论的，来自采用这种方法的云供应商的公开证据证实了这一优势。众所周知，多年来 Internet 的完全分布式方法不适合进行全局优化，但在 SDN 出现前，还没有一个真正可行的方法。SDN 带来了这种可能性。这就是提供集中式网络抽象的力量。

"采集网络状态"的思想是 SDN 的核心，也是 NOS 所扮演的角色。我们不是在讨论采集全网络范围的遥测数据以解决错误配置或进行长期规划等，而是在讨论需要控制平面立即响应的细粒度计量，一个明显的例子是每个端口上收发的字节 / 数据包数。像 OpenFlow 这样的协议定义了向 NOS 报告此类计量的方法，此外还为 NOS 提供了根据其采集的信息安装新的流规则的方法。

控制平面集中化有一个连带的好处，随着我们对 SDN 用例的学习，这一点将变得更为清晰。逻辑上集中的控制平面提供了一种单点公开网络 API 的方法。将编程 API 放在各个交换机和路由器上的思想已经存在了数十年，但是并没有产生太大的影响。相比之下，整个交换机或路由器统一一个 API，使得各种新用例的应用成为可能，其中包括网络虚拟化、网络自动化和网络验证。以自动化为例，要使 BGP 配置之类的操作自动化是非常困难的，因为很难探讨清楚，当一组 BGP 节点开始互相通信时它们将如何响应。但是，如果你的中央控制平面公开了一个 API，借此就可以指定"创建一个被隔离的网络，将下面一组端点连接起来"，那么该请求变为自动化配置系统的一部分还是相当可行的。这正是在许多现代云中发生的情况，在这些云中，网络资源和策略的供给都是自动化的，所有的其他操作也是自动化的，如启动虚拟机或容器。

控制域

本节中的"集中式与分散式"框架旨在刻画 SDN 设计空间的一个维度，而不表明网络运营商面临这两种情况。影响某个运营商进入这个领域的因素有许多，但首先要将范围限定在 SDN 应用的领域。我们将在第 2 章中讨论一些示例用例，但是网络技术的自然演化突出了思维过程。

历史上，每个交换机都有一个控制平面实例，它们都在同一台机器上运行。当简单的路由器发展为机箱路由器时，M 行的卡通常有 N 个控制平面实例。它们在分离的硬件上运行，并通过管理网络相互通信。随着机箱路由器发展为由商用交换机构建成的多机架结构，SDN 给出了一种设计，即在任意位置运行的控制平面下，将转发设备聚集起来，构成一个分布式系统。其优势在于这样的系统可以使用现代技术进行状态分布和管理，而不是局限于标准。关键是找到能通过逻辑上集中的控制平面来优化性能的域。

回到原来的集中式控制平面与分布式控制平面的问题，后者的支持者往往基于 Internet 首先采用分布式路由协议，其历史原因是：规模和故障情况下的生存。他们担忧的问题是，任何集中式解决方案都会导致瓶颈，这也是一个单点故障问题。在服务器集群上分布集中式控制平面可以缓解这两个问题，因为分布式系统中所采用的技术可以确保此类集群的高可用性和可扩展性。

关于控制平面集中化的第二个关注点是，由于控制平面是远程的（即在交换机之外），所以两个平面之间的链接增加了易受攻击的表面。与之相反的观点是，非 SDN 网络已经具有（并依赖于）带外管理网络，因此这种攻击面并不是新的。这些管理网络可以像其他管理软件一样容易地被交换机外的控制器使用。还有一种观点认为，与大量的分布式控制器相比，少量的集中式控制器可以提供较小的攻击面。可以说，观点各不相同，但是集中化方法肯定得到了很多支持。

1.2.3　数据平面：可编程与固定功能

设计空间的最后一个维度是，实现数据平面的交换机是可编程的还是固定功能的。为了理解这意味着什么，我们需要对交换机的实现方式多说一点。

之前的讨论说明了交换机的简单模型，其中交换机的主处理循环从输入端口接收数据包，查找在 FIB 中的（或按 OpenFlow 的术语，在流表中的）目标地址，并将数据包放在匹配的表项所指示的输出端口或端口组上。对于低端交换机，这是一种合理的实现策略（即主处理循环用通用处理器上的软件实现），但高性能交换机则采用基于硬件的转发流水线。

我们将这些流水线放到第 4 章再进行深入描述，但目前的重要特征是，该流水线是否仅限于匹配数据包头中一组固定的字段（例如图 4 中所示的字段），并执行一组固定的动作，或者，是否将要匹配的位模式和要执行的动作动态编程到交换机当中。前者称为固定功能流水线，后者称为可编程流水线。但首先我们必须回答这个问题：“转发流水线到底是什么？”

关于转发流水线的一种思考方法是，交换机实际上不是实现如上一节所述的单个流表，而是实现一系列流表，每个流表专注于给定流中可能涉及的一部分头字段（例如，一个表匹配 MAC 头字段，一个表匹配 IP 头字段，等等）。给定的数据包由多个流表按顺序（即流水线）进行处理，以确定最终如何转发该数据包。根据

OpenFlow 规范中的图，图 7 给出了这种流表流水线的通用示意图。其主要思想是，当数据包流过流水线时，会累积一组动作，并在最后的流水段按集合来执行。

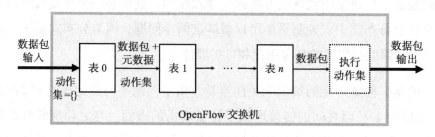

图 7　OpenFlow 转发流水线的简单示意图

乍一看，这似乎并不重要，因为如图 4 所示的那些头字段都是众所周知的，并且很容易计算交换机必须转发的每个数据包中的偏移量（例如，表 0 试图匹配 MAC 头字段，表 1 试图匹配 IP 字段，等等）。就这一点而言，SDN 最初的思想是有意不关心数据平面，完全集中于打开控制平面，使其具有可编程性。但是，早期实现 SDN 控制器的经验暴露了两个问题。

第一个问题是随着 SDN 从研究实验走向成熟，成为传统、专有交换机的可行替代品，其性能变得越来越重要。虽然流规则已经足够通用，能说明控制器的何种转发行为要编程到交换机中，但交换机不一定有能力高效地实现那些功能。为了确保很高的转发性能，要使用高度优化的数据结构来实现流表，这些数据结构需要专用存储器，就像 TCAM（Ternary Content Addressable Memory，三元内容可寻址存储器）。因此它们仅支持有限数量的条目，这意味着控制器必须小心谨慎地使用它们。

简而言之，事实证明，为了安装一组交换机可以映射到硬件的流规则，控制器有必要知道有关流水线的详细信息。因此，许多控制应用隐含地绑定到特定的转发流水线。这类似于编写一个 Java 或 Python 程序，它只能运行在 x86 处理器上，不容易移植到 ARM 处理器上。事实证明，有必要对转发流水线进行更多控制，同时，由于我们不想将自己局限于某个供应商的流水线上，因此还需要一种抽象的方式来描述流水线的行为，然后能将其映射到任何给定交换机的物理流水线上。

第二个问题是，协议栈以意想不到的方式发生了变化，这意味着关于"所有你可能需要匹配的头字段都是众所周知的"这一假设是有缺陷的。例如，尽管 OpenFlow（和早期转发流水线）正确地包含了对 VLAN 标签的支持——VLAN 标签是在企业网络中创建虚拟网络的基石，但总共 4096 个可能的 VLAN 标签不足以支撑云上可能承载的所有租户。

为了解决这一问题，IETF 引入了一种新的封装，称为 VXLAN（Virtual Extensible LAN，虚拟可扩展 LAN）。与最初的将虚拟化的以太网框架封装在另一个以太网框架中的方法不同，VXLAN 将虚拟的以太网框架封装在一个 UDP 数据包中。图 8 展示了 VXLAN 头，以及交换机可能必须处理以做出转发决策的所有的数据包头。

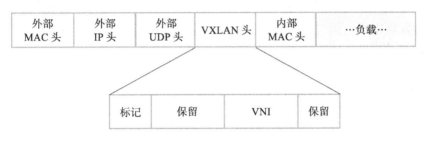

图 8 封装在 UDP/IP 数据包中的 VXLAN 头

在 OpenFlow 中增加对 VXLAN 的支持已经够困难了，因为标准化需要时间，而在固定功能的转发流水线中增加对 VXLAN 的支持，则是一项更耗时的工作——硬件需要改变！有人可能会说，有了 VXLAN，我们现在已经完成了协议栈的修改，但这是不可能的。例如，当与 HTTP 一起使用时，QUIC 作为 TCP 的替代方案正在获得越来越多的推动力。另一个例子是 MPLS 与 SRv6。在某些情况下，甚至 VXLAN 也正在被一种新的、更灵活的封装技术 GENEVE 所取代。

可编程转发流水线，再加上可用来对流水线编程的高级语言，是对这两个问题的一种可行的回应。在过去的几年中，它们都以 PISA（Protocol Independent Switching Architecture，协议无关的交换架构）和 P4 编程语言的形式出现。我们将在第 4 章中更详细地讨论这两个问题，但目前最大的收获是，SDN 已经超越了它最初的目标，成为对控制平面编程的一种手段。今天，SDN 还包含对数据平面编程的可能性。

1.3 SDN：一种定义

综上所述，SDN 最初的定义可以简单地陈述为：

一种控制平面在物理上与转发平面分开，且单个控制平面控制几个转发设备的网络⊖。

⊖ 摘自 Nick McKeown 2013 年题为《软件定义网络》的报告。

这是对 1.2.1 节和 1.2.2 节长篇幅解释的一种概括。自给出最初的定义以来，SDN 已被不同的利益相关者解释，有的含义更少（例如，网络设备的可编程配置接口就等于 SDN），有的含义更多（例如，SDN 还包括带有可编程转发流水线的交换机）。本书以更广阔的视野涵盖了整个领域。

描绘 SDN 的另一种方法是将其视为包含两个阶段。在第一阶段中，网络运营商获得了控制平面的所有权。现在处于第二阶段，网络运营商正在控制数据包在数据平面中的处理方式。第二阶段仍在发展中，但正如 Nick McKeown 的设想，理想的最终状态是：

网络将会（或希望）由许多人编程，而由少数人操作。

也就是说，SDN 不仅是将控制权从供应商转移到运营商，而是最终将控制权从供应商转移到运营商再转移到用户。这是长期目标（受商用服务器和开源软件对计算行业的影响的启发）。但我们仍有一段路要走，因此在第 8 章中，我们将回过头来对 SDN 旅程的下一阶段进行更保守的预测。

扩展阅读

N. McKeown. FutureNet 2019. October 2019.

用　例

　　理解 SDN 的价值的一个好方法是看一看它在实践中是如何使用的。这样做还有助于解释有关 SDN 含义的不同观点——对应于上一章中我们所称的纯网络运营 SDN 与混合 / 轻量型 SDN。但是在探讨如何使用 SDN 之前，我们首先要总结一下谁正在使用 SDN。

　　首先，SDN 已被云供应商接受并广泛部署，其中 Google、Facebook 和 Microsoft 采用 SDN 是人人皆知的。尽管它们的平台和解决方案仍然大部分是私有的，但已经开源了各个组件，以促进 SDN 被更广泛地采用。我们将在后面的章节中讨论这些单独的组件。

　　其次，AT&T、DT、NTT 和 Comcast 等大型网络运营商公开谈论其部署基于 SDN 的解决方案的计划，特别是在接入网络中。但这些运营商正在谨慎地进行部署，其大多数举措要么采用混合方法，要么是在纯网络运营 SDN 的情况下，总之仍处于试验阶段。最值得注意的例外是 Comcast，它在其整个生产网络中部署了本书中描述的开源组件。

　　最后，企业已开始采用 SDN，但这种情况有两点需要注意。第一点是虽然在某些大学中部署了纯网络运营 SDN，目标是支持研究和创新，但总体而言，企业采用 SDN 的速度还比较慢。企业最可能采用纯网络运营 SDN 的途径是通过云供应商提供的托管化边缘服务。这种思想是将运行边缘工作负载的内部集群与运行可伸缩的数据中心工作负载的公共云连接起来。第二点是许多企业商家提供 SDN 产品，其重点更多地放在逻辑控制平面集中化，而非数据平面的开放接口所带来的好处上。如下所述，网络虚拟化和 SD-WAN（Software-Defined Wide Area Network，软件定义广域网）在企业中都取得了相当大的成功。

2.1 网络虚拟化

SDN 的第一个被广泛采用的用例是虚拟化网络。虚拟网络，包括 VPN（Virtual Private Network，虚拟专用网）和 VLAN（Virtual Local Area Network，虚拟局域网），多年来一直是 Internet 的一部分。历史证明，VLAN 在企业中是有用的。在企业中，VLAN 被用来隔离不同的组织机构（称为组），例如各个部门或实验室，使每个组看起来都有自己的私有 LAN。然而这些早期形式的虚拟化在范围上相当有限，并且缺乏 SDN 的许多优点。你可以将其视为虚拟化了网络的地址空间，而不是虚拟化了网络的所有其他属性，例如防火墙策略或更高级别的网络服务（例如负载平衡）。

使用 SDN 创建虚拟网络的最初想法普遍认为应归功于 Nicira 的团队，该方法由 Teemu Koponen 及其同事描述在 NSDI 论文中。一个关键的见解是，现代云需要这样的网络：能够以编程方式创建、管理和拆除，而不需要系统管理员手动配置（比如说，一些网络交换机上的 VLAN 标记）。通过将控制平面与数据平面分离，并在逻辑上集中控制平面，可以开放单一的 API 入口点来创建、修改和删除虚拟网络。这意味着用于在云中提供计算和存储容量的相同自动化系统（例如当时的 OpenStack），现在可以通过编程方式提供一个虚拟网络，这个虚拟网络配置有适当的策略，将其他资源互连起来。

扩展阅读

T. Koponen et al. Network Virtualization in Multi-tenant Datacenters. NSDI, April, 2014.

随着网络虚拟化的兴起，数年之后又出现了计算虚拟化，而计算虚拟化又在很大程度上推动了网络虚拟化的发展。计算虚拟化使手动服务器供给成为过去式，并将手动且耗时的网络配置过程展现为传递云服务的"长杆"。虚拟机迁移使运行中的虚拟机能够从一个网络位置（带着它们的 IP 地址）移动到另一个网络位置，这进一步展现了手动网络配置的局限性。这种自动化网络供给的需求最初是由大型云供应商认识到的，但最终成为企业中的主流。

随着微服务和基于容器的系统例如 Kubernetes 的流行，网络虚拟化也在继续发展，以满足这些环境的需求。也有一系列的开源网络"插件"（例如 Calico、Flannel、Antrea 等）为 Kubernetes 提供网络虚拟化服务。

因为网络虚拟化开始以可编程的方式提供全套网络服务，它的影响超越了网络供应的简化和自动化。随着虚拟网络成为轻量级对象，能够根据需要进行创建和销毁，并提供全套服务（例如有状态的防火墙、深度数据包检查等），一种新的网络安全方法应运而生。网络安全功能可以创建为网络本身的固有部分，而不是创建网络后再添加安全功能。此外，由于对可以创建多少虚拟网络没有限制，被称为微分段的方法开始流行起来。针对实现单一分布式应用的一组进程的需求，这需要创建细粒度的、孤立的网络（微段）。与以前的网络安全方法相比，微分段提供了明显的好处，大大减少了攻击面和攻击在整个企业或数据中心中传播的影响。

SDN 苏醒

正如我们在第 1 章中所看到的，SDN 背后的思想已经存在多年了。但是，回顾过去，有两个相关的事件在将可编程网络的概念从理论带到实践的过程中产生了重大影响。第一件事是 2007 年商业初创公司 Nicira Networks 的成立。Nicira 由三位公认的 SDN 先驱创建：Martin Casado、Scott Shenker 和 Nick McKeown。与许多初创企业一样，Nicira 的成立是为了将 SDN 商用，但它需要一段时间才能找到适合市场的理想产品。最终，网络虚拟化成为业界第一个成功的 SDN 应用。Nicira 的网络虚拟化平台于 2011 年首次发布，确立了这一类别，并最终为 VMware 收购该公司及随后开发 VMware NSX 铺平了道路。

与此同时，McKeown 和 Shenker 还创建了三个非营利组织，以推动整个网络行业的 SDN 转型：ONF（开放网络基金会），负责推进网络分离事业，包括 OpenFlow 标准的开发；ON.Lab(Open Networking Laboratory，开放网络实验室)，负责开发基于开源 SDN 的解决方案和平台；ONS（Open Networking Summit，开放网络峰会），作为一个会议平台，负责把对 SDN 感兴趣的学者和从业者聚集起来。2018 年，ONF 和 ON.Lab 合并了，合并后的组织专注于构建本书中强调的开源软件。

当然，也有许多其他的初创公司、会议和财团推动了 SDN 发展到今天的水平，其影响整章都能看到。

值得注意的是，要创建如我们描述的虚拟网络，有必要将来自虚拟网络的数据包按照某种方式封装起来，以便它们能穿过底层的物理网络。举一个简单的例子，一个虚拟网络可以有自己的私有地址空间，它与底层的物理地址空间是解耦的。因此，虚拟网络使用了一系列的封装技术，其中 VXLAN（在第 1 章中有过简要讨论）可能是最著名的。近年来，还出现了一种更灵活的封装方法，称为 GENEVE（Generic Network Virtualization Encapsulation，通用的网络虚拟化封装）。

关于网络虚拟化是否就是 SDN 有一些合理的争论。它的确显示了我们在上一章中讨论的许多属性，原始的 Nicira 网络虚拟化平台甚至使用 OpenFlow 在其中央控制器和数据平面元素之间进行通信。一方面，SDN 集中化的好处是使网络虚拟化成为可能的核心，尤其是作为网络自动化的一个推动因素。另一方面，网络虚拟化并没有真正推动 SDN 所设想的网络分离：网络虚拟化系统中的控制器和交换机通常使用专有的信令方法紧密地集成起来，而不是开放的接口。而且，由于网络虚拟化的重点一直是连接虚拟机和容器，它通常作为实现那些计算抽象的服务器之间的覆盖层来实现。覆盖层下面是一个物理网络，其中只是按给定的方式进行网络虚拟化（并且该物理网络根本不需要实现 SDN[⊖]。在本书中，我们对什么是 SDN 有了广泛的认识，但同时我们可以看到，SDN 所有潜在好处并不都是网络虚拟化提供的。

2.2 交换结构

纯网络运营 SDN 的主要用例位于云数据中心内，出于降低成本和提高特征速度（feature velocity）的原因，云供应商已经从使用专有交换机（即那些传统意义上网络供应商销售的交换机），转向使用商用硅交换芯片构建的裸机交换机。然后这些云供应商控制着交换结构，该结构将其服务器完全通过软件互连起来。在整本书中这都是我们要深入探讨的用例，所以现在我们只做一个简单的介绍。

数据中心的交换结构通常是一个按照叶 – 脊拓扑结构设计的网络。图 9 所示的小型四机架示例说明了其基本思想。每个机架都有一个 ToR（Top-of-Rack，机架顶部）交换机，用于互连机架中的服务器——这些称为交换结构的叶交换机（每个机架通常有两个这样的 ToR 交换机，但为了简单起见，图中仅显示了一个）。然后，每个叶交换机连接到一组可用的脊交换机，并有两个要求：（1）任意的机架对之间

⊖ 关于交换机和终端主机中实现 SDN 的不同方面的观察很重要，我们在 3.1 节还会讨论。

有多条路径；（2）每个机架到机架的路径是两跳（即通过一个中间脊交换机）。注意，这意味着在如图 9 所示的叶 – 脊设计中，每个服务器到服务器的路径要么是两跳（机架内情况下，是服务器 – 叶 – 服务器），要么是四跳（机架间情况下，是服务器 – 叶 – 脊 – 叶 – 服务器）。

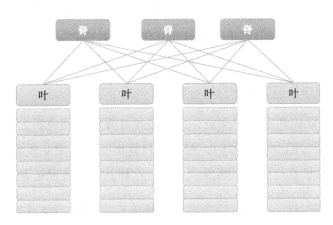

图 9　云数据中心和其他计算集群通用的叶 – 脊交换结构示例

主结构 – 控制软件在服务器机架内建立了 L2（层 2）转发（桥接），跨机架建立了 L3（层 3）转发（路由）。在叶 – 脊结构中，使用 L3 下装到 ToR 交换机，这是一个众所周知的概念，主要是因为 L3 的可伸缩性优于 L2。在这种情况下，ToR（叶交换机）通过 ECMP（Equal-Cost Multipath，等代价多路径）转发，将 IP 流哈希到不同的脊交换机上来路由业务。因为每个 ToR 交换机都离其他 ToR 交换机有两跳，所以存在多个这样的等代价路径（本质上，控制软件利用了标记交换的概念，类似于 MPLS 所使用的概念）。让结构控制软件也提供 L2 桥接，源于支持遗留负载的需要，这些遗留负载通常期望通过 L2 网络进行通信。实现一个叶 – 脊结构还包括很多内容，但是我们把更完整的描述推迟到第 7 章，在第 7 章中我们会描述 Trellis 实现的细节。

2.3　广域网的业务流工程

另一个受云启发的用例是应用于数据中心之间广域链路的业务流工程。例如，Google 公开描述了其私有主干网 B4，它完全使用裸机交换机和 SDN 构建。同样，Microsoft 也描述了一种将其数据中心互连起来的方法，称为 SWAN。B4 和 SWAN 的一个核心组件是一个业务流工程（Traffic Engineering，TE）控制程序，它根据不同类型的应用的需要提供网络。

分组交换网络业务流工程的思想几乎和分组交换本身一样古老，一些业务流感知路由的思想已经在阿帕网（ARPANET）中尝试过。然而，随着 MPLS 的出现，业务流工程才真正成为 Internet 主干网的主流——MPLS 提供了一套工具来引导业务，以平衡不同路径上的负载。然而，和传统路由一样，基于 MPLS 的业务流工程的一个显著缺点是路径计算，它是一个完全分布式的过程。集中式的规划工具很常见，但 MPLS 路径的实时管理仍然是完全分布式的。这意味着要实现任何形式的全局优化几乎是不可能的，因为路径计算算法在链路状态发生变化或流量负载发生变化时，要对看起来最优的路径进行局部选择。

B4 和 SWAN 认识到了这个缺点，并将路径计算转移到逻辑上集中的 SDN 控制器。例如，当一条链路发生故障时，控制器计算出一个新的业务流需求到可用链路的映射，并对交换机进行编程以转发业务流，这样就不会造成链路过载。

经过了多年的运行，这些方法变得更加复杂了。例如，B4 从平等处理所有业务发展到支持不同的业务类别，这些不同的业务对延迟和可用性要求具有不同的容忍度。业务类别的示例包括：（1）将用户数据（例如电子邮件、文档、音频/视频）复制到远程数据中心以方便使用；（2）通过在分布式数据源上运行的计算访问远程存储；（3）推送大规模数据跨多个数据中心进行状态同步。在此例子中，用户数据表示 B4 上的最低运量，即对延迟最敏感并具有最高优先级。通过将业务分成具有不同属性的类别，并为每个类别分别运行一个路径计算算法，团队能够大大提高网络的效率，同时仍然满足最苛刻应用的需求。

集中决策过程、以编程方式限制发送端的流量以及区分业务类别，将这些组合在一起，Google 已经能够将其链路利用率提高到近 100%。这比 WAN 链路通常提供的 30% ~ 40% 的平均利用率（这是允许这些网络同时处理业务突发和链路/交换机故障所必需的）高达两到三倍。据微软报道，SWAN 的经历也类似。使用 SDN 的这些超尺度（hyperscale）经验显示出定制网络的价值和集中控制以改变网络抽象的能力。关于采用 SDN 的思维过程，Amin Vahdat、Jennifer Rexford 和 David Clark 等人的交谈颇有见地。

扩展阅读

A. Vahdat, D. Clark, and J. Rexford. A Purpose-built Global Network: Google's Move to SDN. ACM Queue, December 2015.

2.4　软件定义广域网

企业用户使用 SDN 的另一个用例是 SD-WAN（Software-Defined Wide-Area Network，软件定义广域网）。多年来，企业一直从电信公司购买广域网服务，主要是为了获得可靠的专有网服务，以将其许多地点（主办公室、分支机构和企业数据中心）互连起来。以往构建这些网络最常见的技术方法是 MPLS，使用一种称为 MPLS-BGP VPN（Virtual Private Network，虚拟专有网）的技术。作为 MPLS 替代的 SD-WAN 的迅速崛起是集中控制能力的另一个示例。

使用 MPLS 提供 VPN，虽然没有大多数早期选项那么复杂，但仍然需要一些重要的本地配置：要对位于每个客户站点的客户边缘（Customer Edge，CE）路由器进行配置，还要对客户站点要连接的服务商边缘（Provider Edge，PE）路由器进行配置。此外，通常还需要为相应的电信公司提供一条链路，从客户网到最近的接入点。

对于 SD-WAN，人们意识到 VPN 很适合进行集中式配置。企业希望其站点（仅其授权站点）相互连接起来，并且通常希望应用一组策略，如安全、业务优先级、访问共享服务等。这些可以被输入到中央控制器，然后将所有必要的配置推送到位于相应办公室的交换机上。每次添加新站点时，都可以实现"零触摸"设置，而非手动配置客户边缘和服务商边缘：设备被运送到新站点，只需提供证书和地址即可，然后再与中央控制器联系，获取所需的所有配置。策略更改可能会影响许多站点，可以被集中输入并推送到所有受影响的站点。一个示例策略是"将 YouTube 业务设置为最低优先级业务类型"或"允许所有分支机构直接访问给定的云服务"。图 10 说明了这个思想。

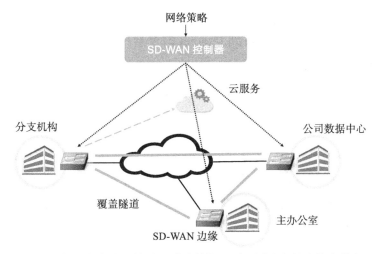

图 10　SD-WAN 控制器集中接收策略，并将其推送到不同站点的边缘交换机。这些交换机在 Internet 或其他物理网络上构建覆盖隧道，实现包括允许直接访问云服务在内的策略

请注意，VPN 的"专用"部分通常是通过在两地之间创建加密隧道来实现的。这是另一个任务示例，使用传统的逐箱（box-by-box）配置很难建立这个任务，但当所有交换机都从中央控制器接收其配置时，就很容易实现。

SDN 的许多外部因素都发挥了作用，使得 SD-WAN 成为引人注目的选项。其中一个因素就是普适的宽带 Internet 访问，这意味着再没有理由要提供专用电路来连接远程站点，节省了相应的安装时间和成本。但是隐私问题必须在发生之前就得到解决，事实上，使用集中管理的加密隧道可以解决该问题。另一个问题是越来越依赖 Office365 或 Salesforce.com 这样的云服务，这些云服务已趋向于替换企业数据中心中的本地应用。你似乎很自然地会选择直接从连接 Internet 的分支机构访问这些服务，但是传统的 VPN 会将流量回传到中心站点，然后再将其发送到 Internet，从而可以对安全性进行集中控制。使用 SD-WAN，可以实现对安全策略的集中控制，而数据平面仍保持完全的分布式，这意味着远程站点可以直接连接到云服务，而无须回传。这是控制平面和数据平面分离如何产生新的网络体系结构的又一个示例。

与其他一些用例一样，SD-WAN 不必要做承诺的所有工作。控制平面到数据平面的通信通道往往是专有的，像网络虚拟化一样，SD-WAN 解决方案是在传统网络之上运行的覆盖网络。不过，由于边缘设备和控制平面均以软件实现，因此 SD-WAN 开辟了创新之路，而集中化为解决老问题提供了新途径。此外，SD-WAN 市场中的参与者之间也存在着很多竞争。

2.5　接入网络

实现家庭、企业和移动设备到 Internet 的最后一公里连接的接入网络是应用 SDN 原理的另一个机会。接入网络技术的例子包括 PON（Passive Optical Network，无源光网络）、光纤入户（fiber-to-the-home），以及处于 4G/5G 蜂窝网络核心的 RAN（Radio Access Network，无线电接入网络）。

与其他所有用例不同（有效地开放通用交换机，使其可以编程控制），这些用例的有趣之处在于这些接入网络通常是由专用的硬件设备构建的。目前的挑战是如何将这些专门制造的设备转化为商用硅/裸机设备，从而使得它们可以通过软件来控制。在像 PON 这样的有线网络中，有两种这样的设备：光线路终端（Optical Line Terminal，OLT）和宽带网络网关（Broadband Network Gateway，BNG）。在蜂窝网络的情况下，还有两个相关的遗留组件：eNodeB（RAN 基站）和增强的分组核心（Enhanced Packet Core，EPC）。如果你不熟悉这些缩略语，可以在网上获取简介。

扩展阅读

Access Networks. Computer Networks: A Systems Approach, 2020.

由于这些设备是专门建造的，更不用说也是封闭的和专有的，因此它们似乎是应用 SDN 原理的最坏情况的例子。但这也意味着它们代表着获得最大回报的机会，正是由于这个原因，大型网络运营商正在积极追求软件定义的 PON 和 RAN 网络。这一倡议通常被称为 CORD（Central Office Re-architected as a Datacenter，将中心办公室重构为数据中心），并且已经成为许多业务分析的主题，其中包括 A. D. Little 撰写的一份综合报告。

扩展阅读

Who Dares Wins! How Access Transformation Can Fast-Track Evolution of Operator Production Platforms. A. D. Little Report, September 2019.

像 CORD 这样的倡议所面临的主要挑战是分离现有的遗留设备，以便将底层的数据包转发引擎（数据平面的核心元素）与控制平面隔离开来。这样做可以将前者打包为商品硬件，并在软件中实现后者。

分离基于 PON 的接入网络还有很长的路要走，目前，在有些运营商现场试验中部署了一种称为 SEBA（SDN-Enabled Broadband Access，支持 SDN 的宽带接入）的解决方案，预计将在 2021 年进行生产部署。全部细节超出了本书的讨论范围，但其总体思想是将裸机 OLT 设备添加到类似于如图 9 所示的集群中，从而实现如图 11 所示的配置。换句话说，混合了计算服务器和接入设备的集群，通过交换结构互连。正如开放计算项目（OCP）已经认证了裸机以太网交换机一样，它们现在也认证了裸机 OLT 设备。网状交织的交换机和访问设备均由软件定义的控制平面控制，实现控制平面的代码运行在集群中的服务器上。

此外，当使用具有可编程流水线的交换机来构造交换网络时，可以将原来由传统硬件提供的某些功能，编程到组成交换网络的交换机中。例如，可以将 BNG 的等效功能直接编程到可编程交换机中，该功能可以被打包为在通用处理器上运行的虚拟网络功能（Virtual Network Function，VNF）。这种做法有时称为 VNF 负载分出（VNF off-loading），因为数据包处理已从计算服务器转移至交换机。这是一个好例子，当交换机数据平面可编程时，就会产生以下现象：开发人员编写软件，这些软件能够以新的和意想不到的方式利用硬件资源。

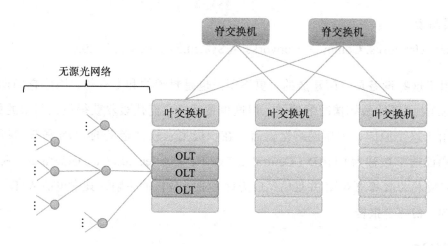

图 11   SEBA 的通用硬件架构：支持 SDN 的宽带接入

软件定义 RAN（Software-Defined Radio Access Networks，SD-RAN）的发展滞后于软件定义的宽带网络，其发展仍处于概念验证阶段。分离 RAN 是一个更大的挑战，但回报也可能会更大，因为它将引领 5G 驱动的边缘云。我们将在第 8 章中重温 SD-RAN，但对于如何按照 SDN 原则实施 5G 的大概介绍，我们推荐了一本配套书。

扩展阅读

L. Peterson and O. Sunay. 5G Mobile Networks: A Systems Approach. June 2020.

重要的是，将 SDN 原理应用于光纤和移动接入网络的工作是从相同的构建块组件开始的，这些组件在整本书中都有描述。当我们努力处理这些细节时，会强调这些软件定义的接入网络在哪里"插入"SDN 软件栈。

2.6   网络遥测

我们来看一个最近的例子——INT（In-Band Network Telemetry，带内网络遥测）它是通过引入可编程转发流水线实现的，借此来总结一下关于 SDN 用例的概述。INT 的思想是对转发流水线进行编程，当处理数据包时（即"带内"）采集网络状态。这与传统的监视相反，在传统的监视方法中，控制平面读取各种固定计数器（例如，接收 / 发送的数据包数）或部分采样数据包（例如 sFlow）。

在 INT 方法中，遥测"指令"被编码进数据包头字段中，然后，当其流经转发流水线时由网络交换机进行处理。这些指令告诉具有 INT 功能的设备要收集什么状态，当其流经网络时，如何将该状态写入数据包中。INT 业务源（例如应用、终端主机网络协议栈、管理程序）可以将指令嵌入普通数据包或特定的探测包中。类似地，INT 业务池检索并报告这些指令的收集结果，从而允许业务池监视数据包在转发时所观察（经历）的准确的数据平面的状态。

这种思想如图 12 所示，它展示了一个示例数据包经过的路径：从源交换机 S1，通过中转交换机 S2，到汇聚交换机 S5。每个交换机沿路径添加的 INT 元数据，要指示出为数据包收集什么数据，并为每个交换机记录相应的数据。

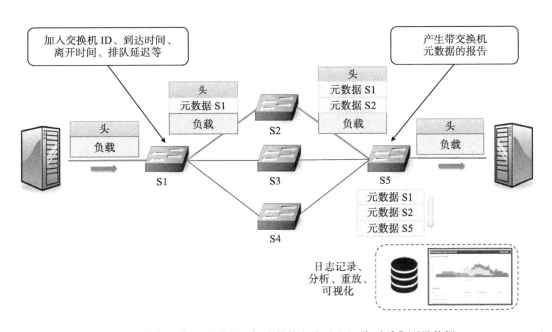

图 12　带内网络遥测说明，每个数据包在流经网络时采集测量数据

INT 仍然处于早期阶段，但对业务模式和网络故障根源，它有可能定性地提供更深入的分析。例如，INT 可用于测量和记录沿着端到端路径流经一系列交换机时各个数据包经历的排队延迟，给出如图所示数据包报告："我访问了交换机 S1，耗时 780ns，交换机 S2，耗时 1.3μs，交换机 S5 耗时 2.4μs。"又例如，正如 Xiaoqi Chen 和他的同事们报告的，可以使用此信息探测微突发（以毫秒或亚毫秒尺度测量的排队延迟）。甚至可以在流经不同路径的数据包流之间关联该信息，以便确定哪些流在每个交换机上共享了缓冲区容量。

扩展阅读

X. Chen, et. al. Fine-grained queue measurement in the data plane. ACM CoNEXT'19, December 2019.

类似地，数据包能够报告指导其传送的决策过程。例如，类似于"在交换机 1 中，我遵循规则 75 和 250；在交换机 2 中，我遵循规则 3 和 80"。这为使用 INT 验证数据平面是否忠实地执行网络运营商所期望的转发行为打开了大门。在本书的后面，我们再来探讨 INT 对我们构建和运营网络带来的影响。

这个用例再次说明了 SDN 的潜在优势：尝试过去无法实现的新想法的能力。使用传统的固定功能 ASIC 进行数据包转发时，你将永远没有机会尝试 INT 这样的思想，查看其收益能否证明投资是合理的。从长远来看，SDN 这种实验和创新的自由，会带来持久的好处。

基本架构

SDN 是一种构建网络的方法，它支持可编程的商业硬件，能够控制数据包转发和其他用软件实现的网络操作。实现这样的设计独立于任何特定的协议栈，但需要一组开放的 API 和支持这些 API 的新的软件组件库。本章介绍这样的 SDN 软件栈的基本架构。

本章定义了这种软件栈的通用架构——而且有多种可选的组件和工具可以插入到这个架构中，另外还介绍了一组例子。我们这样做是为了使讨论更加具体，但是我们所描述的特定组件具有两个重要属性。其一，它们是开源的，可以在 GitHub 上免费获得；其二，它们旨在协同工作，提供全面的解决方案——我们的介绍中没有任何空白。这两个属性使得任何人都可以构建相同的端到端系统，这些系统正运行在今天的生产网络中。

3.1 软件栈

图 13 给出了软件栈的概貌，其中包括运行本地交换机操作系统（由承载控制应用集的全局网络操作系统控制）的裸机交换机。在图 13 的右侧还给出了相应的一组典型开源组件（Trellis、ONOS 和 Stratum），左侧给出了相关的 P4 工具链。本章将介绍这些组件，随后的章节将提供更多的详细信息。

请注意一下此图与第 1 章中的图 2 之间的相似性。这两张图都包含两个开放接口：一个在控制应用和网络操作系统之间，另一个在网络操作系统和底层可编程交换机之间。这两个接口在图 13 中被描述为" API 垫片"，在示例组件中，第一种情况对应于 gNMI、gNOI 和 FlowObjective 的组合，第二种情况对应于 gNMI、gNOI 和 P4Runtime 或 OpenFlow 的组合。gRPC 作为这些 API 的传输协议——这仅是一种实现选择，但从这里开始我们通常会假设这样（请注意，与其他协议不同，OpenFlow 不会在 gRPC 上运行）。

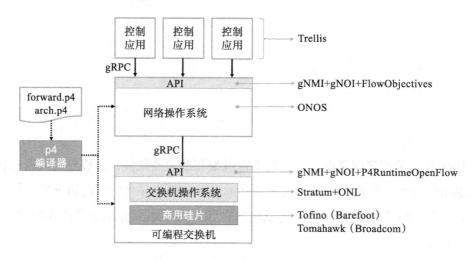

图 13   SDN 软件栈的总体架构

记住这一点很重要，图 13 中列出的软件组件对应于主动开源计划。因此，它们将持续发展（它们的 API 也是如此）。每个组件及其相关 API 的特定版本已经集成并部署到了实验和生产环境中。例如，虽然该图将 P4Runtime 显示为交换机操作系统输出的候选控制接口，但有些已部署的解决方案使用了 OpenFlow 来代替（这也包括 Comcast 部署）。同样，虽然图中显示了 gNMI/gNOI 作为每个交换机的配置 / 操作接口，但也有一些解决方案使用 NETCONF。

就本书而言，我们不会试图跟踪组件版本和 API 的所有可能的组合，而是选择性地专注于图 13 中列举的单个一致的软件栈，因为它表示了我们基于以往版本的上下栈经验（到目前为止）对"正确"方法的最佳判断。

交换机与主机实现

如图 13 所示的软件栈的自上而下的视图是从单个交换机的角度来看的，但重要的是，记住网络的视角也很重要。图 14 给出了这样一个透视图，重点关注通过网络连接虚拟机（Virtual Machine，VM）的端到端路径。

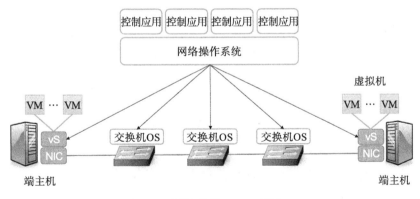

vS—虚拟交换机；NIC—网卡

图 14　SDN 的端到端视图，包括终端主机和它们所承载的虚拟机

这种视角突出了这种系统的两个重要方面。第一个是强化了我们一直在强调的观点：网络操作系统（例如 ONOS）是网络范围的，而交换机操作系统（例如 Stratum）是仅属于每个交换机的。

第二个是运行在终端主机上的 SDN 软件栈部分。特别是，有一个虚拟交换机（vSwitch）（通常作为运行在服务器上的虚拟机管理程序的一部分，以软件形式实现），负责将数据包转发到虚拟机或从虚拟机转发出去（当然，并不是每个终端主机都运行虚拟机，但是类似的架构也适用于容器主机或裸机服务器）。像物理交换机一样，vSwitch 将数据包从输入端口转发到输出端口，但是这些是连接到虚拟机（或容器）的虚拟端口，而不是连接到物理机器的物理端口。

以主机为中心的视角

本书采用面向网络的 SDN 视角，将端主机（运行在主机操作系统中的虚拟交换机和将主机连接到网络的 NIC）视为网络的扩展，并令其在网络操作系统的控制下运行。一个更强调以主机为中心的视角也一样有效，也许更重要的是，它具有健壮的开源软件生态系统，可以作为主机操作系统的一部分运行。

DPDK 就是一个例子，但另一个吸引人的例子是 eBPF（扩展的 Berkeley 包过滤器）和 XDP（eXpress 数据路径）的组合。当它们一起使用时，提供了一种在操作系统内核中甚至可能在 SmartNIC（智能网卡）上对广泛的"匹配－动作"规则进行编程的方法。本质上这与 OpenFlow 和 P4 相似，不同之处在于它们允许动作部分是任意程序。相反，OpenFlow 定义了一组固定的动作，而 P4 是用于表达动作的受限性的语言（例如它不包含循环）。当动作必须在固定的周期预算内执行时，这是必要的，正如基于交换机的转发流水线一样。它还可以对数据平面进行形式化验证，第 8 章才适合讨论这些。

幸运的是，我们可以认为 vSwitch 像物理交换机一样工作，包括它所支持的 API。vSwitch 是用通用处理器上的软件实现的，而不是在 ASIC 中实现的，这是一个实现细节。事实上，作为一个软件交换机大大降低了引入其他功能的门槛，因此功能集合更加丰富、更加充满活力。例如，Open vSwitch（OVS）是一个广泛使用的开源 vSwitch，它支持 OpenFlow 作为北向 API。它形成了原始 Nicira 网络虚拟化平台的数据平面。OVS 已经与各种补充工具集成在一起，例如另一个开源组件 DPDK（Data Plane Development Kit），它可以优化 x86 处理器上的数据包转发操作。尽管这是一个重要的主题，但本书并没有探讨像 OVS 或其他终端主机优化那样的 vSwitch 的所有可能性，而是像端到端路径上的任何其他交换机一样对待 vSwitch。

如图 14 所示的另一个实现细节是，主机可能有一个 SmartNIC（Smart Network Interface Card，智能网络接口卡），它可以帮助（甚至可能替换）vSwitch。供应商将内核功能分出来装载到 NIC 上的历史很悠久（例如，从计算 TCP/IP 校验和到支持虚拟机的一切），但在 SDN 环境中，一个有趣的可能性是复制网络交换机上的转发流水线。同样，存在一系列可能的实现选择，包括 FPGA 和 ASIC，以及 NIC 是固定功能的还是可编程的（使用 P4）。出于我们的目的，我们将把这样的智能网卡视为端到端路径上的另一个交换元件。

3.2　裸机交换机

从底部开始，沿着如图 13 和 14 所示的软件栈向上，网络数据平面由一组相互连接的裸机交换机实现。我们现在的重点是单个交换机，其中整个网络拓扑由运行在软件栈顶部的控制应用决定。例如，我们将在后面的部分中描述一个管理叶 – 脊拓扑的控制应用。

对于交换机供应商来说，这种架构是不可知的，但本章中概述的完整软件栈运行在交换机上，这些交换机的构建使用了分别由 Barefoot Networks（现为 Intel 公司）和 Broadcom 制造的 Tofino 和 Tomahawk 交换芯片。Tofino 芯片实现了基于 PISA 的可编程转发流水线，Tomahawk 芯片实现了固定功能的流水线。

在这两种芯片的情况下，一对 P4 程序定义了转发流水线：第一个（forward.p4）指定了转发行为；第二个（arch.p4）指定了目标转发芯片的逻辑架构。P4 编译器生成加载到网络操作系统和交换机中的目标文件。这些目标文件在图 13 中没有命名（我们将在第 4 章和第 5 章中返回来介绍其详细信息），但是网络操作系统和交换机这两个组件都需要知道这些输出，因为一个（交换机）实现转发行为，另一个（网络操作系统）控制转发行为。

我们将在第 4 章中返回来介绍编译器工具链的详细信息。现在，我们将只解决一个问题：为什么我们在固定功能的交换芯片的情况下需要一个 P4 程序（因为我们没有使用 P4 修改其固定的行为）？简要总结一下，我们需要一个正式的转发流水线规范来生成数据平面的 API。P4 程序被编写成一个抽象的转发流水线模型，不论芯片实际的硬件流水线是固定的还是可编程的，我们均需要知道如何将抽象的流水线映射到物理流水线上，这就是 arch.p4 发挥作用的地方。至于 forward.p4 的作用，这个程序实际上在可编程芯片的情况下规定了流水线，而对于固定功能芯片，forward.p4 仅仅描述了流水线。但在这两种情况下，我们仍然需要 forward.p4，因为工具链使用 forward.p4 以及 arch.p4 来生成位于控制器和数据平面之间的 API。

3.3　交换机操作系统

从基础硬件向上移动，每个交换机运行一个本地交换机操作系统。不要与管理交换机网络的网络操作系统混淆，这个交换机操作系统运行在交换机内部的商业处理器上（在图 13 中没有显示）。它负责处理向交换机发出的 API 调用，例如从网络操作系统发出的 API 调用。这包括对交换机的内部资源采取适当的操作，它有时也会影响交换芯片。

有多种开源的交换机操作系统都可以使用（包括 SONiC，最初由 Microsoft Azure 开发），但我们使用 Stratum 和 ONL（Open Network Linux）的组合作为主要的示例。ONL 是 Linux 的一个支持交换机的发行版（最初由 Big Switch Networks 编写），而 Stratum（最初由 Google 开发）主要负责面向外部的 API 和内部交换机资源之间的转换。出于这个原因，我们有时将 Stratum 称为瘦交换机操作系统。

Stratum 协调交换机和外部世界之间的所有交互。这包括加载 P4 编译器生成的目标文件，它定义了数据平面和控制平面之间的合约。这个合约有效地用自动生成的规范取代了 OpenFlow 的流规则抽象。Stratum 管理的 API 的其余部分定义如下：

- **P4Runtime**：运行时控制转发行为的接口。它是填充转发表和操作转发状态的关键。P4Runtime 独立于任何特定的 P4 程序，不用考虑底层硬件。这与 OpenFlow 形成了对比，OpenFlow 对转发模型以及控制平面如何与之交互进行了规定（为了完整起见，在图 13 中还列出了 OpenFlow 作为一个可选的控制接口）。
- **gNMI**（gRPC 网络管理接口）：用于设置和检索配置状态。gNMI 通常与定义配置结构和状态树的 OpenConfig YANG 模型搭配使用。
- **gNOI**（gRPC 网络操作接口）：用于设置和检索操作状态，例如支持证书管理、设备测试、软件升级、网络故障排除等。

如果你还记得在第 1 章中介绍的控制和配置之间的区别，那么你将认识到 P4Runtime 是控制 API，gNMI/gNOI 的组合是交换机传统配置 API 的现代版本。后一个 API 在历史上被称为 OAM 接口（用于"操作、管理和维护"），它通常被实现为一个命令行界面（当然这并不是真正的 API）。

3.4 网络操作系统

网络操作系统是配置和控制交换机网络的平台。它作为逻辑上集中的 SDN 控制器，操控着外部的交换机，并在整个网络范围内管理一组交换机。此角色的核心是负责监控这些交换机的状态（例如检测端口和链路的故障），维护一个反映网络当前状态的全局拓扑图，使得该视图可用于任何相关的控制应用。这些控制应用反过来"指示"网络操作系统，按照它们正在提供的任何服务，控制数据包流过底层的交换机。这些"控制指令"的表达方式是网络操作系统 API 的一个关键方面。

除了这个概念描述，还需要一个特定的网络操作系统，我们使用 ONOS（Open Network Operating System，开放网络操作系统）作为我们的示例。ONOS 在性能、可扩展性和可用性方面是最好的。在高层次上，ONOS 负责三件事：

- **管理拓扑**：跟踪网络基础设施设备及其互连的清单，为平台的其他部分和应用提供网络环境的共享视图。
- **管理配置**：便于发布、跟踪、回滚和验证多个网络设备上的原子性配置操作。这有效地反映了每个交换机的配置和操作界面（也使用 gNMI 和 gNOI），但是，是在网络层次而不是设备层次上这样做。
- **控制交换机**：控制网络交换机数据平面的数据包处理流水线，并对这些流水线内的流规则、组、仪表及其他构件进行后续控制。

至于这最后一个角色，ONOS 导出了一个北向的 FlowObjects 抽象，它按照流水线无关的方式概括了流规则⊖。第 6 章将更详细地描述该接口。与单个交换机导出的控制接口一样，该接口也不是标准化的。与传统的服务器操作系统一样，写入 ONOS API 的应用，不容易移植到另一个网络操作系统上。这个接口必须是开放的和定义良好的，而不是只有一个这样的接口。如果随着时间的推移对网络操作系统接口有了共识，那么应用将更容易移植。但是，就像服务器操作系统一样，越位于软件栈的高层，就越难达成这样的共识。

最后，尽管在图 13 中没有显示任何关于 ONOS 内部的细节，然而为了更好地了解它在更大的方案中所起的作用，注意任何网络操作系统中最关键的子系统都是一个可扩展的键 / 值存储。由于 ONOS 提供了一个逻辑上集中的网络视图，所以它的性能、可扩展性和可用性的关键，在于它如何存储这种状态。在 ONOS 的情况下，这个存储由一个名为 Atomix 的配套开源项目提供，该项目实现了 RAFT 共识算法。像 Atomix 这样的存储服务，几乎是当今所有水平可扩展云服务的基石，我们在第 6 章中将更详细地进行描述。

3.5 叶 – 脊结构

因为我们使用 ONOS 作为网络操作系统，所以我们仅限于讨论由 ONOS 承载的 SDN 控制应用。为了便于说明，我们使用 Trellis 作为控制应用。Trellis 实现了一个可编程交换机网络上的叶 – 脊结构。这意味着 Trellis 指定了一个特定的网络拓扑：数据中心集群通用的叶 – 脊拓扑。如 2.3 节所述，该拓扑结构包含一组叶交换机，

⊖ 我们并没有说 FlowObjectives 是控制交换机的理想接口。它们是出于需要而发展起来的，允许开发人员处理不同的流水线。定义通用接口是当前正在研究的主题。

每个叶交换机用作 ToR 交换机（即它连接单个机架中的所有服务器），其中叶交换机反过来由一组脊交换机互连。

在高层次上，Trellis 扮演三个角色。首先，它提供了一个交换结构，将服务器和多机架集群中运行在这些服务器上的虚拟机互连起来。其次，它使用 BGP（也就是说，它的行为很像路由器），将集群作为整个上游连接到包括 Internet 在内的对等网络。最后，它将机群作为一个整体连接到下游接入网络（即它改写了像 PON 和 LTE/5G 这样的接入网络技术）。换言之，与其将 Trellis 视为锁定在某些数据中心的传统叶 – 脊结构，不如将 Trellis 视为在网络边缘运行的一个互连，它有助于特定边缘云桥接到基于 IP 的数据中心云。

根据实现，Trellis 实际上对应于运行在 ONOS 上的一套控制应用，而不是单个应用。这个套件支持多种控制平面功能，包括：

- 虚拟局域网和 L2 桥接
- IPv4 和 IPv6 单播和多播路由
- DHCP L3 中继
- 服务器和上游路由器的双穴（dual-homing）连接
- QinQ 转发 / 终止
- 基于 MPLS 的伪线（边缘路由器对之间的一个点对点的连接。——译者注）。

对于其中的每一个特性，相应的控制应用都通过观察网络拓扑结构的变化和发布流目标来与 ONOS 交互，而不是使用遗留路由器和交换机中找到的任何标准协议实现。只有当 Trellis 需要与外部世界（例如上游城域 / 核心路由器）通信时，才会涉及遗留协议，在这种情况下，它使用标准 BGP（就像开源 Quagga 服务器所实现的）。这实际上是 SDN 环境的一个共同特征：它们在内部或未开发区域中避免使用传统的路由协议，但是在与外部世界的交互中仍然需要这些协议。

最后，Trellis 有时部署在单个站点上，其中的多个移动基站通过 Trellis 叶交换机连接。但是 Trellis 也可以使用多级脊交换机扩展到网络中更深的多个站点，如图 15 所示。在第 7 章中我们将更详细地描述这些。

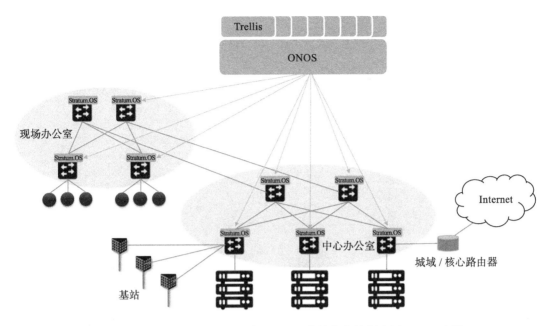

图 15　管理一个（可能是分布式的）叶 – 脊结构的控制应用 Trellis 套件

裸机交换机

本章将介绍为 SDN 提供底层硬件基础的裸机交换机。我们的目标不是给出详细的硬件原理图，而是勾画出足够的设计，以理解在其上运行的软件栈。请注意，该软件栈仍在不断发展，并且随着时间的推移，不同的供应商采取了不同的实现方法。因此，本章既讨论作为基于语言的方法对交换机的数据平面进行编程的 P4，又讨论作为第一代方案的 OpenFlow。我们将倒序地介绍这两种方法，从更一般的、可编程的 P4 案例开始。

4.1 交换机示意图

我们首先将裸机交换机作为一个整体来考虑，其中最好的类比就是想象一个由一系列商用的、现成的组件组成的 PC。事实上，OCP（Open Compute Project，开放计算项目）在线提供了利用组件组成交换机的完整体系结构规范。这是类似于开源软件的硬件，使得任何人都有可能构建一个高性能的交换机，过程类似于构建一台家用 PC。但正如 PC 生态系统包括 Dell 和 HP 等商用服务器供应商一样，你也可以从 EdgeCore、Delta 等裸机交换机供应商处购买现成的（符合 OCP 规范的）交换机。

图 16 给出了裸机交换机的高级示意图。NPU（Network Processing Unit，网络处理单元）是一种优化过的商用硅交换芯片，用来解析数据包头并做出转发决策。NPU 能够以 Tbps（Terabits-per-second）的速率处理和转发数据包，速度很快，足以跟上 32 × 100Gbps 的端口或如图 16 中所示的 48 × 40Gbps 端口的速度。在撰写本文时，这些芯片的最新性能为 25.6Tbps，端口的速度为 400Gbps。

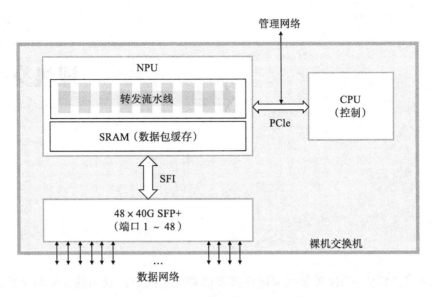

图 16   裸机交换机的高级示意图

请注意，我们对术语 NPU 的使用可能会被认为有点不规范。从历史上看，NPU 是更狭义的网络处理芯片的名称，例如用于实现智能防火墙或深度数据包检查的芯片。它们不像我们在本章中讨论的 NPU 那样通用，也并不是高性能的。但它们长期的趋势是朝着 NPU 发展，从而满足固定功能 ASIC 的性能需求，同时又提供更高程度的灵活性。当前的商用硅交换芯片似乎将使较早一代的专用网络处理器变得过时。此处使用的 NPU 术语与构建可编程的特定领域处理器的行业趋势一致，包括用于图形的 GPU（Graphic Processing Unit，图形处理单元）和用于 AI 的 TPU（Tensor Processing Unit，张量处理单元）。

图 16 展示了 NPU，它是基于 SRAM 的内存（在处理数据包时对数据包进行缓存）与基于 ASIC 的转发流水线（实现一系列"匹配－动作"对）的组合。我们将在下一节中更详细地描述转发流水线。该交换机还包括控制 NPU 的通用处理器（通常为 x86 芯片）。如果将交换机配置为支持交换机内的控制平面，则在此处理器上运行 BGP 或 OSPF，但是出于我们的目的，这是运行交换机操作系统的地方，它导出一个 API 以允许交换机外的网络操作系统控制数据平面。通过标准 PCIe 总线，该控制处理器与 NPU 通信，并连接到外部的管理网络。

图 16 还展示了其他商用组件，这些组件使得这一切都变得切实可行。特别是，可以购买可插拔的收发器模块来处理所有的介质接入细节——无论是 40Gb 的以太网、10Gb 的 PON 或 SONET，还是光网。这些收发器都符合标准化的形式要素，例

如 SFP+，因此可以通过标准化的总线（例如 SFI）连接到其他组件。再者，关键的一点是，网络行业现在正在进入计算行业过去 20 年所享受的商品化世界。

最后，尽管未在图 16 中展示，但每个交换机都包含一个 BIOS，该 BIOS 与它的微处理器对应的 BIOS 一样，是配置并引导裸机交换机的固件。在 OCP 的领导下，出现了一种称为 ONIE（Open Network Install Environment，开放网络安装环境）的标准 BIOS，因此在本章的其余部分中，我们假定使用 ONIE。

4.2　转发流水线

高速交换机使用多段流水线来处理数据包。使用多段流水线而不是单段处理器的意义在于：转发单个数据包可能涉及查看多个头字段。每个流水段都可以被编程，以查看不同的字段组合。多段流水线为每个数据包增加了少许端到端延迟（纳秒级的），但这意味着可以同时处理多个数据包。例如，在段 1 对数据包 B 进行初始查找的同时，段 2 可以对数据包 A 进行第二次查找，以此类推。这意味着整个流水线能够跟上其所有输入端口的聚合带宽。重复一下上一节中的数字，目前最快的速度是 25.6 Tbps。

给定 NPU 实现这种流水线的主要区别是，流水段是固定功能的（即每个段知道如何处理某些固定协议的头），还是可编程的（即每个段都是动态地编程，以便知道要处理哪些头字段）。在接下来的讨论中，我们将从更通用的情况——可编程流水线开始，最后回到固定功能流水线的对应部分。

在架构层级上，可编程流水线通常被称为 PISA（Protocol Independent Switching Architecture，协议独立的交换架构）。图 17 给出了 PISA 的高层概述，其中包括三个主要组件。第一个是解析器，可对其编程以定义后面的流水段要识别和匹配的头字段（以及它们在数据包中的位置）。第二个是匹配 - 动作单元序列，每个单元都是可编程的，以匹配（并可能执行动作）一个或多个已识别的头字段。第三个是逆解析器，在传送到输出链路之前，它将数据包的元数据重新序列化为数据包。逆解析器根据内存中前面流水段处理的所有头字段，重建每个数据包的线上表示（over-the-wire representation）。

图中并未展示通过流水线的数据包的元数据集合。这既包括每个数据包的状态，例如输入端口和到达时间戳，也包括跨连续数据包计算的流级状态（flow-level state)，例如交换机计数器和队列深度。该元数据具有一个 ASIC 对应部分（例如一个寄存器），可用于各个独立段的读写。它也可以由匹配－动作单元使用，例如在输入端口上进行匹配。

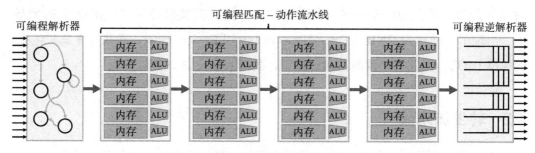

图 17　PISA 的多段流水线的高层概述

图 17 中的单个匹配－动作单元值得仔细观察。图中所示的内存通常使用 SRAM 和 TCAM 的组合来构建：它实现了一个表，该表存储正在处理的数据包中要匹配的位模式。特定的内存组合的相关性是，TCAM 比 SRAM 更昂贵，功耗更高，但它能够支持通配符匹配。具体来说，TCAM 中的"CAM"代表"内容可寻址内存"，这意味着你希望在表中查找的键，可以有效地用作实现表的内存中的地址。"T"表示"三元"，这是一种技术方法，是说要查找的键里可以包含通配符（例如，键 10*1 与 1001 和 1011 都匹配）。从软件的角度来看，主要的一点是通配符匹配比精确匹配更昂贵，应该尽可能地避免。

如图所示的 ALU（算术逻辑单元），随后实现与相应模式配对的操作。可能的操作包括修改特定的头字段（例如减小 TTL），推送或弹出标记（例如 VLAN、MPLS），增加或清除交换机内部的各种计数器（例如处理过的数据包数量），以及设置用户 / 内部的元数据（例如路由表中所使用的 VRF ID）。

直接对解析器、匹配－动作单元和逆解析器编程将会是很枯燥乏味的，类似于编写微处理器汇编代码，因此我们使用诸如 P4 这样的高级语言来表达所需的行为，并依赖编译器生成等效的低级程序。我们将在后面的章节中讨论 P4 的具体内容，因此，现在我们仅更为抽象地表示所期望的转发流水线：图 18 中所包含的图形描述（为了与其他示例一致，我们称此程序为 forward.p4）。这个示例程序首先匹配 L2 头字段，然后匹配 IPv4 或 IPv6 头字段，最后在允许数据包通过之前，将一些 ACL 规则应用到数据包（例如，将后者视为防火墙过滤器规则）。这是一个 OpenFlow 流水线例子，如 1.2.3 节中图 7 所示。

除了将流水线的高级表示转换到底层 PISA 段之外，P4 编译器还负责分配可用的 PISA 资源。在这种情况下，可用的匹配－动作单元有四个槽（行），正如图 17 所示。对 P4/PISA 而言，在可用的匹配－动作单元中分配行，与通用微处理器上运行的常规编程语言分配寄存器类似。在我们的例子中，我们假设 IPv4 匹配－动作规则，比 IPv6 或 ACL 的规则要多一些，因此编译器相应地在可用的匹配－动作单元中分配条项。

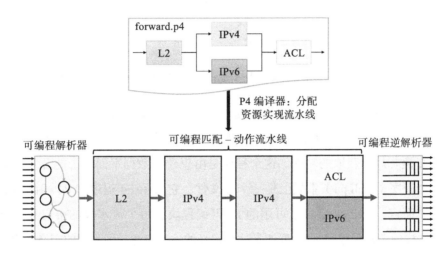

图 18　映射到 PISA 的（如 P4 程序的图形表示所描述的）所需要的转发行为的描述

4.3　流水线抽象

下一个难题是解释实现不同物理流水线的不同交换芯片。要做到这一点，我们需要一个足够通用的抽象（规范）流水线来公平地表示可用的硬件，还需要一个定义来说明如何将抽象的流水线映射到物理流水线。有了这样一个用于流水线的逻辑模型，我们将能支持流水线无关的控制器，如图 19 所示。

在理想情况下，只有一个逻辑流水线，P4 编译器会负责将逻辑流水线映射到各种物理流水线。然而，一方面，市场上还没有一个单一的逻辑流水线（但现在我们先把这个复杂的问题放在一边）。另一方面，这种方法目前需要考虑 10 种以上的目标 ASIC。市场上有十多家交换机供应商，但实践中，只有那些面向高端市场的商家才有影响力。

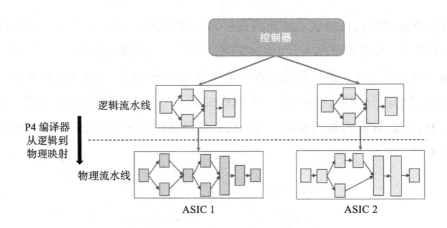

图 19   将逻辑流水线定义为支持流水线无关的控制平面的一般方法

我们如何描述逻辑流水线？这也将通过 P4 程序完成，结果如图 20 所示。注意，我们正在重新查看图 13 介绍的两个 P4 程序。第一个程序（forward.p4）定义了我们想从可用交换芯片上获取的功能。这个程序是由想建立数据平面行为的开发人员编写的。第二个程序（arch.p4）本质上是一个头文件：它表示 P4 程序和 P4 编译器之间的合约。具体而言，arch.p4 定义了可用的 P4 可编程块、每个流水段的接口和功能。谁负责编写这样的架构程序呢？ P4 联盟是这种定义的一个来源，但不同的交换机供应商已经创建了自己的架构规范来严密地描述其交换芯片的功能。这很有意义，因为，是拥有一个能够在不同商家的不同 ASIC 上执行相同的 P4 程序的单一公共架构，还是拥有一个最能代表任何给定 ASIC 的不同能力的架构，两者之间存在着某种矛盾。

图 20 所示的例子被称为 PSA（Portable Switch Architecture，轻便的交换机架构）。它旨在为实现转发程序（例如 forward.p4）的 P4 开发人员提供抽象的目标机，类似于 Java 虚拟机。它的目标与 Java 相同：支持一次编写到处运行（write-once-run-anywhere）的编程范式（注意，图 20 中包含了作为架构模型规范的通用 arch.p4，但实际上架构模型将是特定于 PSA 的，例如 psa.p4）。

与图 17 和图 18 所使用的更简单的 PISA 模型相比，我们看到了两个主要区别。首先，流水线包含一个新的固定功能流水段：业务管理器。此流水段负责数据包排队、复制和调度。此流水段能够以明确定义的方式配置（例如，设置队列大小和调度策略等参数），但不能以通用方式重新编程（例如，定义一个新的调度算法）。其次，流水线被分为两部分：入口处理（在业务管理器的左侧）和出口处理（在业务管理器的右侧）。

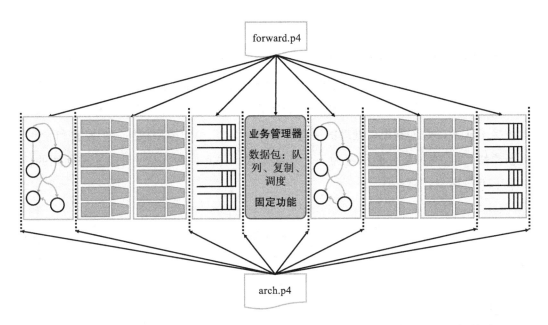

图 20　被称为 PSA 的 P4 架构。包括作为架构模型规范的通用 arch.p4，但是对于
　　　　PSA，它将被 psa.p4 所取代

arch.p4 究竟定义了什么？大体上有三件事：

1. 如图 20 所示，它根据输入和输出信号定义块间接口签名（想想"函数参数和返回类型"）。P4 程序员的目标是为每个 P4 可编程块提供一种实现，每个 P4 可编程块读取提供的输入信号，例如接收数据包的输入端口，以及写入输出信号以影响后续块的行为（例如，数据包必须定向到的输出队列 / 端口）。

2. 对于外部的类型声明，可以看作由目标展现的附加固定功能服务，并且可以由 P4 程序员调用。这种外部的例子有校验和及哈希计算单元、数据包或字节计数器、加密 / 解密数据包负载的密码等。P4 中没有通过架构描述这些外部的实现，而是通过其接口来描述。

3. 核心 P4 语言类型的扩展，包括其他匹配类型（例如在 4.4.3 节中所描述的范围匹配和最长前缀匹配）。

P4 编译器（和所有编译器一样）有一个硬件无关的前端，为正在编译的程序生成一个 AST（Abstract Syntax Tree，抽象语法树）；还有一个硬件特定的后端，它输出一个 ASIC 特定的可执行文件。arch.p4 只是类型和接口定义的集合。

4.3.1　V1 模型

图 20 所示的 PSA 仍在发展中，它代表着一个介于 P4 开发人员和底层硬件之间的理想化的架构，而开发人员现在编码的架构模型要稍微简单一些。该模型被称为 V1 模型，如图 21 所示[⊖]。它不包括业务管理器之后的重新解析步骤。相反，它隐式地桥接了从入口处理到出口处理的所有元数据。另外，V1 模型包括一个校验和验证 / 更新模块，而 PSA 将校验和视为一个外部模块，并支持在入口 / 出口处理期间的任何点上进行增量计算。

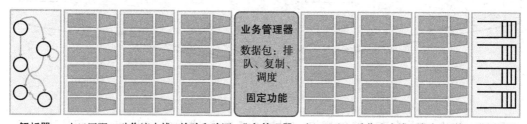

图 21　在实践中用来抽象出不同物理转发流水线细节的 V1 模型。开发人员将 P4 写
　　　　入这个抽象的架构模型

在本书的其余部分，我们将使用这种更简单的模型。顺便说一句，V1 模型被广泛使用而 PSA 却没有，最重要的因素是交换机供应商不提供从 PSA 映射到其各自 ASIC 的编译器后端。在此之前，PSA 仍将主要是"纸上"的制品。

当我们说 P4 开发者"写这个模型"的时候，这比你想象的更具描述性。实际上，每个 P4 程序都从以下的模板开始，在如图 21 所示的抽象描述中，每个可编程元素都有一个代码块。

```
#include <core.p4>
#include <v1model.p4>

/* 头 */
struct metadata { ... }
struct headers {
        ethernet_t        ethernet;
        ipv4_t            ipv4;
}
```

⊖　V1 模型最初是作为 P4 的早期版本（被称为 P4_14）的参考架构引入的，随后用来简化 P4 程序从
　　P4_14 到 P4_16 的移植。

```
/* 解析器 */
parser MyParser(
        packet_in packet,
        out headers hdr,
        inout metadata meta,
        inout standard_metadata_t smeta) {
    ...
}


/* 校验和验证 */
control MyVerifyChecksum(
        in headers, hdr,
        inout metadata meta) {
    ...
}


/* 入口处理 */
control MyIngress(
        inout headers hdr,
        inout metadata meta,
        inout standard_metadata_t smeta) {
    ...
}


/* 出口处理 */
control MyEgress(
        inout headers hdr,
        inout metadata meta,
        inout standard_metadata_t smeta) {
    ...
}
/* 校验和更新 */
control MyComputeChecksum(
        inout headers, hdr,
        inout metadata meta) {
    ...
}


/* 逆解析器 */
parser MyDeparser(
        inout headers hdr,
        inout metadata meta) {
    ...
}

/* 交换机 */
V1Switch(
    MyParser(),
    MyVerifyChecksum(),
```

```
    MyIngress(),
    MyEgress(),
    MyComputeChecksum(),
    MyDeparser()
) main;
```

也就是说，在包含两个定义文件（core.p4、v1model.p4）并定义流水线将要处理的数据包头之后，程序员编写 P4 代码块，用于解析、校验和验证、入口处理等等。最后一个块（V1Switch）是"主"函数，它指定将所有部件拉进一个完整的交换机流水线中。至于模板中每个"…"对应的细节，我们将在后面的章节中再返回来介绍。目前，重要的一点是 forward.p4 是一个高度风格化的程序，它从 v1model.p4 中定义的抽象模型中获取其结构。

4.3.2   TNA

如前文所述，V1 模型是许多可能的流水线架构之一。PSA 是另外一种情况，但不同的交换机供应商也提供了自己的架构定义。这样做有着不同的动机。其中一个原因是，随着时间的推移，供应商不断发布新芯片，因此有多个 ASIC 版本的问题。另一个原因是，这使供应商能够公开其 ASIC 的独特功能，而不受标准化过程的限制。TNA（Tofino Native Architecture，Tofino 本地架构）就是一个例子，它是由 Barefoot 为其可编程交换芯片系列定义的架构模型。

我们不是因为计划定义 TNA 而给出这个示例，而是因为有第二个具体的例子来帮助说明这个空间中所有可用的自由度。实际上，P4 语言定义了一个用于编写程序的通用框架（我们将在下一节中看到语法），但直到你提供了 P4 架构定义（通常我们将其称为 arch.p4，但具体的例子是 v1model.p4、psa.p4 和 tna.p4）之后，开发人员才能够实际编写和编译一个转发程序。

v1model.p4 和 psa.p4 要在不同的交换芯片之间抽象出通用性，与之相反，tna.p4 这样的架构忠实地定义了给定芯片的底层功能。通常，这些能力能将 Tofino 这样的芯片与竞争对手区分开来（因此，此类供应商 / 芯片特定架构的定义并不公开，而且通常需要签署保密协议）。在为新的 P4 程序选择架构模型时，重要的是想清楚：哪些是我打算编程的交换机所支持的可用架构？我的程序是否需要访问芯片特定的功能（例如，加密 / 解密数据包负载的 P4 外部功能）？它是否仅依赖于公共 / 无差别的功能（例如，简单的匹配 – 动作表或计数数据包的 P4 外部功能）？我是否希望在 GitHub 上公开所开发的 P4 程序？

至于转发程序（我们通常称之为 forward.p4），一个有趣的实际例子是忠实地实现传统 L2/L3 交换机支持的所有功能的程序。让我们称之为 switch.p4 ⊖。奇怪的是，这让我们重新创建了本可以从几十家供应商那里购买的传统交换机，但有两个显著的区别：（1）我们可以通过 P4Runtime 使用 SDN 控制器控制该交换机；（2）如果需要新的功能，我们可以轻松修改该程序。

值得这么复杂吗？

在这一点上，你可能想知道引入的所有复杂性是否值得，而我们甚至还没有到达控制平面！到目前为止，无论有没有 SDN，我们所涉及的内容都是复杂的。那是因为我们正工作在软件/硬件的边界上，并且这些硬件转发数据包的速度达到了 Tbps。这种复杂性通常被隐藏在专有设备内部。SDN 所做的一切只是在市场上施加压力，开放该空间，以便其他人能够进行创新。

但是，除了现在要使用开放接口和可编程硬件，在任何人都能够进行创新之前，第一步就是要重现我们以前所运行的东西。即使本章使用 forward.p4 作为假设的某人编写的新数据平面功能，但实际上它是诸如 switch.p4（以及在下一章中描述的交换机操作系统）之类的程序，等同于遗留的网络工具。一旦有了它，我们就准备好了去做新的事情。但是，做什么呢？

我们的目标不是肯定地回答这个问题。在第 2 章中介绍的 VNF 卸载和 INT 例子是一个开始。第 8 章将继续介绍闭环验证和软件定义的 5G 网络等潜在的杀手级应用。但是历史告诉我们，杀手级应用是不可能准确预测的。另外，历史中也包括许多例子，说明打开封闭的、固定功能的系统将带来可以产生质变的新功能。

总而言之，首要目标是实现控制应用的开发，而不考虑设备转发流水线的具体细节。引入 P4 架构模型有助于实现这一目标，因为它支持同一转发流水线（P4 程序）跨多个目标（交换芯片）的可移植性，这些交换芯片支持相应的架构模型。然而，这并不能完全解决问题，因为业界仍然可以自由地定义多个转发流水线。但从目前的情况来看，拥有一个或多个可编程的交换机，将为控制应用和转发流水线的协力编程打开大门。当一切都是可编程的——一直到在数据平面上转发数据包的芯

⊖ 这样的程序是存在的（它是由 Barefoot 为其芯片组编写的，并使用 tna.p4 作为架构模型），但它不是开源的。一个大致等效的开源变体（叫作 fabric.p4）使用 v1model.p4，但它的可编程性更弱，只支持 Trellis（见第 7 章），而不是作为一个通用的 L2/L3 数据平面。

片，向开发人员展示的这种可编程性才是最终目标。如果你有一个创新的新功能，你想将其注入网络，你编写的控制平面和数据平面平分了该功能，并转动工具链上的曲柄，将其加载到 SDN 软件栈！这是在几年前向前迈出的重要一步，其中，你可能已经能修改路由协议（因为它都在软件中），但你没有机会更改转发流水线，因为它都在固定功能的硬件中。

4.4 P4 程序

最后，我们简要回顾一下 P4 语言。以下内容不是 P4 的综合参考手册。我们的目标是让人了解一下 P4 程序的样子，希望以点概面。我们通过示例来实现这一目的，也就是浏览一个实现基本 IP 转发的 P4 程序。这个例子取自一个 P4 教程，你可以在网上找到并自己尝试。

扩展阅读

P4 Tutorials. P4 Consortium, May 2019.

为了帮助建立某种语境，可以将 P4 看作类似于 C 的编程语言。P4 和 C 的语法相似，这很有意义，因为它们都是为低级系统代码设计的。但是，与 C 不同，P4 不包括循环、指针或动态内存分配。当你还记得我们在描述单个流水段中所发生的事情时，缺少循环是有意义的。实际上，P4 "展开" 了我们在其他方面可能需要的循环，在一系列控制块（即流水段）中实现了每次迭代。在下面的例子程序中，你可以想象将每个代码块插入到如上一节所示的模板中。

4.4.1 头声明和元数据

首先是协议头的声明，就我们的简单例子而言，它包括以太网头和 IP 头。这也是一个定义任何程序特定的元数据的地方，我们希望将这些元数据与正在处理的数据包关联起来。该示例将此结构保留为空，但 v1model.p4 为整个架构定义了一个标准元数据结构。尽管在下面的代码块中没有示出，但是该标准元数据结构包括诸如 ingress_port（数据包到达的端口）、egress_port（数据包发送出去的端口）和 drop（设置的位，用于指示要丢弃数据包）之类的字段。这些字段可以由组成程序其余部分的功能块读取或写入⊖。

⊖ V1 模型的一个奇怪之处是元数据结构中有两个出口端口字段。一个（egress_port，出口端口）是只读的，仅在出口处理段有效。另一个（egress_spec，出口规范）是在入口处理段被写入的字段，用于选择输出端口。PSA 和其他架构通过为入口和出口流水线定义不同的元数据来解决这个问题。

```
#include <core.p4>
#include <v1model.p4>

const bit<16> TYPE_IPV4 = 0x800;

/*******************************************************
************** 头 **************************************
*******************************************************/

typedef bit<9>  egressSpec_t;
typedef bit<48> macAddr_t;
typedef bit<32> ip4Addr_t;

header ethernet_t {
    macAddr_t dstAddr;
    macAddr_t srcAddr;
    bit<16>   etherType;
}

header ipv4_t {
    bit<4>    version;
    bit<4>    ihl;
    bit<8>    diffserv;
    bit<16>   totalLen;
    bit<16>   identification;
    bit<3>    flags;
    bit<13>   fragOffset;
    bit<8>    ttl;
    bit<8>    protocol;
    bit<16>   hdrChecksum;
    ip4Addr_t srcAddr;
    ip4Addr_t dstAddr;
}

struct metadata {/* 空 */}

struct headers {
    ethernet_t  ethernet;
    ipv4_t      ipv4;
}
```

4.4.2 解析器

下一个代码块实现了解析器。解析器的底层编程模型是一个状态转移图，包括固有的 start（开始）、accept（接受）和 reject（拒绝）状态。程序员添加其他状态（在我们的示例中是 parse_ethernet（解析以太网）和 parse_ipv4（解析 IPv4））以及状态转移逻辑。例如，下面的解析器总是从 start 状态转移到 parse_ethernet 状态，如果在以太网头的 etherType 字段中找到了 TYPE_IPV4（请参阅前一代码块中的常量定义），则下一步转移到 parse_ipv4 状态。随着遍历每个状态，相应的头从数据包中被提取出来。然后，这些内存结构中的值可用于其他例程，如下所示。

```
/******************************************************
************* 解析器 *********************************
******************************************************/

parser MyParser(
        packet_in packet, out headers hdr,
        inout metadata meta,
        inout standard_metadata_t standard_metadata) {

    state start {
        transition parse_ethernet;
    }

    state parse_ethernet {
        packet.extract(hdr.ethernet);
        transition select(hdr.ethernet.etherType) {
            TYPE_IPV4: parse_ipv4;
            default: accept;
        }
    }

    state parse_ipv4 {
        packet.extract(hdr.ipv4);
        transition accept;
    }
}
```

与本节中所有的代码块一样，解析器的函数签名由架构模型定义，在这种情况下是 v1model.p4。我们没有进一步讨论具体的参数，只是一般地观察 P4 是架构无关的。你编写的程序很大程度上依赖于你所包含的架构模型。

4.4.3 入口处理

入口处理分为两部分。第一个是校验和验证⊖。在我们的例子中这是最小的代码块，它简单地应用默认值。这个例子介绍的有趣的新特性是 control（控件）构造，实际上它是 P4 的过程调用版本。虽然程序员也可以定义"子程序"作为模块化的含义，但是在顶层，这些控制块与逻辑流水线模型定义的流水段一一匹配。

⊖　这是 V1 模型的特殊情形。PSA 没有明确的校验和验证，也没有各自的入口或出口计算段。

```
/***************************************
*** 校验和验证  ***************************
***************************************/

control MyVerifyChecksum(
        inout headers hdr,
        inout metadata meta) {
    apply {  }
}
```

现在我们进入转发算法的核心，该算法在匹配－动作流水线的入口段中实现。我们发现定义了两个动作：drop() 和 ipv4_foward()。其中第二个动作很有趣。它将 dstAddr 和出口端口作为参数，将端口分配给标准元数据结构中的相应字段，在数据包的以太网头中设置 srcAddr/dstAddr 字段，并将 IP 头中的 ttl 字段减一。执行此操作后，与此数据包关联的头和元数据包含足够的信息，以便正确执行转发决策。

但如何做出决策呢？这就是 table（表）构造的目的。表的定义包括要查找的键、一组可能的动作（IPv4 转发（ipv4_forward）、丢弃（drop）、无操作（NoAction））、表的大小（1024 个条目）以及每当表中没有匹配项时要执行的缺省动作（丢弃）。键的规范包括要查找的头字段（IPv4 头的 dstAddr 字段）和所需的匹配类型（lpm 表示最长前缀匹配（Longest Prefix Match））。其他可能的匹配类型包括精确（exact）匹配和三元（ternary）匹配，后者有效地应用掩码来选择键中的哪些位要包含在比较内。最长前缀匹配、精确匹配和三元匹配是 P4 语言类型核心的一部分，它们的定义可以在 core.p4 中找到。P4 架构能够展现额外的匹配类型。例如，PSA 还定义了范围（range）匹配和选择器（selector）匹配。

入口例程的最后一步是"应用"我们刚刚定义的表。只有在解析器（或之前的流水线阶段）将 IP 头标记为有效时，才能执行此操作。

```
/***************************************
****** 入口处理  ***************************
***************************************/

control MyIngress(
        inout headers hdr,
        inout metadata meta,
        inout standard_metadata_t standard_metadata) {

    action drop() {
        mark_to_drop(standard_metadata);
```

```
        }

    action ipv4_forward(macAddr_t dstAddr,
                        egressSpec_t port) {
        standard_metadata.egress_spec = port;
        hdr.ethernet.srcAddr = hdr.ethernet.dstAddr;
        hdr.ethernet.dstAddr = dstAddr;
        hdr.ipv4.ttl = hdr.ipv4.ttl - 1;
    }
    table ipv4_lpm {
        key = {
            hdr.ipv4.dstAddr: lpm;
        }
        actions = {
            ipv4_forward;
            drop;
            NoAction;
        }
        size = 1024;
        default_action = drop();
    }

    apply {
        if (hdr.ipv4.isValid()) {
            ipv4_lpm.apply();
        }
    }
}
```

4.4.4 出口处理

在我们的简单示例中，出口处理是不可操作的，但一般来说，有机会基于出口端口执行操作，在入口处理期间可能不知道出口端口（例如，它可能取决于业务管理器）。例如，可以通过在入口处理中设置相应的固有元数据，来实现将数据包复制到多个出口端口以进行多播，其中这种元数据的含义由架构来定义。出口处理将看到与业务管理器生成的数据包一样多的数据包副本。作为第二个例子，如果期望一个交换机端口发送带有 VLAN 标记的数据包，则必须使用 VLAN id 来对数据包的头进行扩展。处理这种情况的简单方法是，创建一个与入口元数据的出口端口匹配的表。其他例子包括对多播 / 广播数据包执行入口端口剪枝，并为通过控制平面时被截获的数据包添加特殊的"CPU 头"。

```
/*************************************************
******* 出口处理   ******************************
*************************************************/
```

```
control MyEgress(
        inout headers hdr,
        inout metadata meta,
        inout standard_metadata_t standard_metadata) {

    apply {  }
}

/**************************************************
***   校验和计算   *******************************
**************************************************/

control MyComputeChecksum(
        inout headers  hdr,
        inout metadata meta) {

    apply {
        update_checksum(
            hdr.ipv4.isValid(),
              { hdr.ipv4.version,
                hdr.ipv4.ihl,
                hdr.ipv4.diffserv,
                hdr.ipv4.totalLen,
                hdr.ipv4.identification,
                hdr.ipv4.flags,
                hdr.ipv4.fragOffset,
                hdr.ipv4.ttl,
                hdr.ipv4.protocol,
                hdr.ipv4.srcAddr,
                hdr.ipv4.dstAddr },
            hdr.ipv4.hdrChecksum,
            HashAlgorithm.csum16);
    }
}
```

4.4.5　逆解析器

　　逆解析器通常很简单。由于在数据包处理期间可能更改了各种头字段，我们现在有机会发出（emit）更新的头字段。如果在某个流水段中更改了头，则需要记得发出它。只有被标记为有效的头才会重新序列化到该数据包中。不需要对数据包的其余部分（即负载）做任何说明，因为在默认情况下，超出停止解析位置的所有字节都包含在外出的报文中。发出数据包的细节由架构来指定。例如，TNA 支持基于设置逆解析器使用的特殊元数据值来截断负载。

```
/*************************************************
************** 逆解析器  ****************************
**************************************************/

control MyDeparser(
        packet_out packet,
        in headers hdr) {

    apply {
        packet.emit(hdr.ethernet);
        packet.emit(hdr.ipv4);
    }
}
```

4.4.6 交换机的定义

最后，P4 程序必须整体上定义交换机的行为，由下面的 V1Switch 包给出。此包中的这组元素由 v1model.p4 定义，由之前定义的所有其他例程的引用组成。

```
/*************************************************
************** 交换机  *****************************
**************************************************/

V1Switch(
    MyParser(),
    MyVerifyChecksum(),
    MyIngress(),
    MyEgress(),
    MyComputeChecksum(),
    MyDeparser()
) main;
```

请记住，此示例是最小的，但它确实可以说明 P4 程序中的基本思想。这个例子隐藏的是控制平面用来将数据注入路由表的接口（表 ipv4_lpm 定义了这个表，但并没有使用值填充它）。在第 5 章中讨论 P4Runtime 时，我们再解释控制平面如何将值放入表。

4.5   固定功能流水线

现在，我们回到固定功能转发流水线，以将其放置在更大的生态系统中。请记住，固定功能交换芯片仍在市场中占主导地位，我们并不是要低估其价值或其毫无疑问将继续发挥的作用$^\ominus$。但是它们确实消除了一个自由度,即对数据平面进行重新编程的能力,这有助于突出本章介绍的所有运动部分之间的关系。

4.5.1 OF-DPA

我们从一个具体的例子开始:Broadcom 为其交换芯片提供的 OF-DPA(OpenFlow–Data Plane Abstraction,OpenFlow 数据平面抽象)硬件抽象层。OF-DPA 定义了一个 API,可用于将流规则安装到底层 Broadcom ASIC 中。从技术上讲,OpenFlow 代理位于 OF-DPA 之上(它实现了 OpenFlow 协议的线上方面(over-the-wire aspect)),而 Broadcom SDK 位于 OF-DPA 之下(它实现了了解底层芯片细节的专有接口),但是 OF-DPA 层提供了 Tomahawk ASIC 的固定转发流水线的抽象表示。图 22 展示了生成的软件栈,其中 OF-Agent 和 OF-DPA 是开源的(OF-Agent 对应于名为 Indigo 的软件模块,最初由 Big Switch 编写),而 Broadcom SDK 是私有的。然后,图 23 描述了 OF-DPA 流水线。

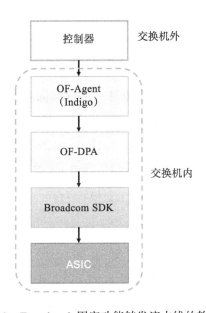

图 22　Tomahawk 固定功能转发流水线的软件栈

我们没有深入研究图 23 中的细节,但是读者会认出几种知名协议的表。对我们而言,具有指导意义的是,查看 OF-DPA 如何映射到其可编程流水线的对应物

$\ominus$　固定功能流水线和可编程流水线之间的区别,并不像本书中讨论所暗示的那样黑白分明,因为固定功能流水线也可以被配置。但是参数化交换芯片和编程交换芯片在本质上是不同的,只有后者能够适应新的功能。

上。在可编程的情况下，直到添加诸如 switch.p4 之类的程序后，你才能获得大致等效的 OF-DPA。也就是说，v1model.p4 定义了可用的流水段（控制块）。直到你添加 switch.p4，你才具有在这些流水段中运行的功能。

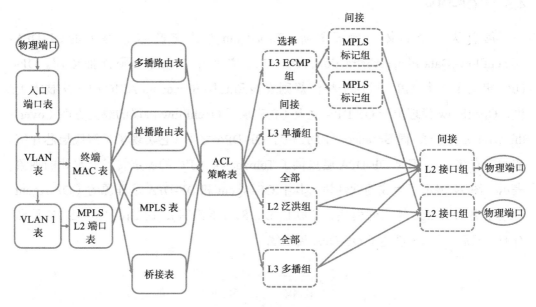

图 23   由 OF-DPA 定义的逻辑固定功能流水线

考虑到这种关系，我们可能会希望将可编程和固定功能交换机同时集成在单个网络中，并运行一个通用的 SDN 软件堆栈。这可以通过将两种类型的芯片都隐藏在 v1model.p4（或类似的）架构模型后面，并让 P4 编译器输出各自的 SDK 可以理解的后端代码来实现。显然，这种情况不适用于任意 P4 程序，比如执行 Tomahawk 芯片不支持的操作，但会适合标准的 L2 / L3 交换行为。

4.5.2   SAI

正如我们之前所见，供应商和社区都可以定义架构模型（分别为 TNA 和 V1Model），同样，供应商定义和社区也都可以定义逻辑固定功能流水线。OF-DPA 是前者的示例，而 SAI（Switch Abstraction Interface，交换机抽象接口）是后者的示例。因为 SAI 必须跨一系列的交换机——转发流水线，所以它必须专注于所有供应商都认可的那部分功能，可以说是最小公分母。

SAI 包括配置接口和控制接口，其中它的控制接口与本节最相关，因为它抽象了转发流水线。另一方面，查看另一个转发流水线没有什么价值，因此我们推荐感兴趣的读者参考 SAI 规范了解更多细节。我们将在下一章中重新讨论配置 API。

扩展阅读

SAI Pipeline Behavioral Model. Open Compute Project.

4.6　比较

关于逻辑流水线及其与 P4 程序关系的讨论是微妙的，值得重申一遍。一方面，物理流水线的抽象表示具有明显的价值，例如图 19 中作为一般概念介绍的流水线。当以这种方式使用时，逻辑流水线就是引入硬件抽象层真实想法的一个例子。在我们的例子中，它有助于控制平面的可移植性。OF-DPA 就是 Broadcom 固定功能交换芯片的硬件抽象层的一个具体示例。

另一方面，P4 提供了一个编程模型，具有 v1model.p4 和 tna.p4 这样的架构，这些架构为 P4 的通用语言构造（例如 control、table、parser）增添了细节。实际上，这些架构模型是基于语言的通用转发设备的抽象，通过添加 switch.p4 这样的特定 P4 程序，可以将其完全解析为逻辑流水线。P4 架构模型没有定义匹配 – 动作表的流水线，而是定义了 P4 开发人员可以用来定义流水线的构建块（包括签名），不管是逻辑的还是物理的。从某种意义上说，P4 架构相当于传统的交换机 SDK，如图 24 中的五个并排示例所示。

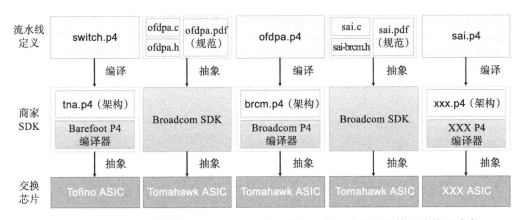

图 24　五个示例流水线 / SDK / ASIC 栈。最左边的两个栈以及第四个栈现在仍然存在，最中间的栈是假设的，最右边的栈还在发展

图 24 中的每个例子都是三层的：交换芯片 ASIC、用于编程 ASIC 的特定商家的 SDK 和转发流水线的定义。通过提供可编程的接口，中间层的 SDK 有效地抽象

了底层硬件。它们要么是常规的（例如，在第二和第四个示例中所展示的 Broadcom SDK），要么正如刚刚指出的那样，逻辑上对应于 P4 架构模型，与 ASIC 特定的 P4 编译器配对使用。所有的五个例子的最顶层都定义了一个逻辑流水线，该流水线随后可以使用 OpenFlow 或 P4Runtime（未显示）等控制接口进行控制。这五个示例根据流水线是由 P4 程序定义还是通过其他方式（例如 OF-DPA 规范）定义而有所不同。

请注意，只有那些在栈顶部具有 P4 定义的逻辑流水线的配置（即第一、第三、第五个示例）才能使用 P4Runtime 进行控制。这是因为 P4Runtime 接口是使用下一章中所描述的工具，根据 P4 程序自动生成的。

最左边的两个例子今天仍然存在，分别代表了可编程的和固定功能的 ASIC 的规范层。中间的示例纯粹是假设性的，但它说明了即使对于固定功能的流水线，也可以定义基于 P4 的栈（隐含地，也可以使用 P4Runtime 进行控制）。第四个例子今天也存在，展示 Broadcom ASIC 是如何符合 SAI 定义的逻辑流水线的。最后，最右边的例子是面向未来的项目，那时候，SAI 会得到扩展，支持 P4 可编程性并能够在多个 ASIC 上运行。

交换机操作系统

本章介绍在每个裸机交换机上运行的操作系统。一个好的思维模式是将其视为和服务器操作系统类似：有一个运行基于 Linux 操作系统的通用处理器，外加一个实质上类似于 GPU 的"包转发加速器"。

最常见的交换机操作系统基础是 ONL（Open Network Linux，开放网络 Linux），它是开放计算项目的一个开源项目。ONL 始于 Linux 的 Debian 发行版，并通过支持交换机特有的硬件来增强它，包括如图 16 所示的 SFP（Small Form-factor Pluggable，小型可插拔）接口模块。

本章不涉及这些低级设备驱动程序的详细信息，而是重点介绍交换机操作系统导出到控制平面的 NBI（Northbound Interface，北向接口），无论该控制平面是在交换机上（如在交换机操作系统顶层用户空间中运行的程序）还是在交换机之外（像 ONOS 那样的 SDN 控制器）运行。正如第 3 章，我们以 Stratum 为例介绍了在 ONL 上实现 NBI 的软件层。Stratum 有时也被称为瘦交换机操作系统（Thin Switch OS），其中关键字是"瘦"，因为它基本上实现了一个 API 垫片（shim）。垫片的有趣之处在于它所支持的一组 API，相应地，本章的绝大多数内容都集中在这些 API 上。

5.1 瘦交换机操作系统

本节介绍一组组件，这些组件实现了一个支持 SDN 的北向接口，用于运行在裸机交换机上的交换机操作系统。相关细节来自 Stratum，这是 ONF 的一个开源项目，它始于由 Google 提供的生产质量代码。图 25 给出了 Stratum 的高层示意图，要再次强调的是，本章的重要内容是公开的接口 P4Runtime、gNMI 和 gNOI。我们在本节中展示了少量的实现细节，只是作为一种基本的描述方式，为实现基于 SDN 的解决方案的开发人员提供端到端的工作流描述。

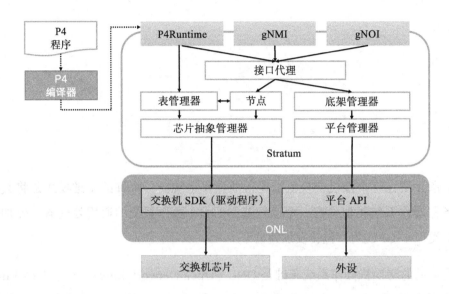

图 25　Stratum 的高层示意图（Stratum 是一个运行在开放网络 Linux 之上的瘦交换机操作系统）

Stratum 有三个主要的北向接口：（1）P4Runtime 用于控制交换机的转发行为；（2）gNMI 用于配置交换机；（3）gNOI 用于访问交换机上的其他操作变量。三个接口都是 gRPC 服务（未显示），这意味着有一组相应的 protobuf（Protocol Buffer，协议缓存），用于指定每个接口的 API 方法和支持的参数。关于 gRPC 和 protobuf 的教程超出了本书的范围，但是可以在网上找到两者的简要介绍。

扩展阅读

gRPC. Computer Networks: A Systems Approach, 2020.

Protocol Buffers. Computer Networks: A Systems Approach, 2020.

重要的一点是，使用 protobuf 和 gRPC，Stratum 不必关注各种协议（包括 OpenFlow）以往需要花费大量时间来考虑的格式、可靠性、向后兼容性和安全等挑战。此外，protobuf 是 P4 编译器生成代码的一个定义良好的目标，也就是说，P4 工具链输出 protobuf 来为 P4Runtime 接口指定类型和参数。这个 API 以及实现它的客户端和服务器端存根（大部分）是自动生成的。5.2 节更详细地描述了用于创建这种运行时合约的工具链。

在 Stratum 之下，架构利用了两个组件。第一个是用于板上交换芯片的 SDK（Software Development Kit，软件开发工具包）。SDK 是由交换机供应商提供的，在 Broadcom 的情况下，它大致对应于 4.5 节中描述的 OF-DPA 层。Barefoot 为其 Tofino 芯片提供了类似的 SDK。你可以把 SDK 想象成与传统操作系统中的设备驱动程序相似的东西：用来间接读写相应芯片上的内存位置。第二个是 ONLP（ONL Platform，ONL 平台），它给出了如图 25 所示的平台 API。此 API 提供对硬件计数器、监视器、状态变量等内容的访问。

作为一个有助于说明固定功能流水线和可编程流水线之间的根本区别的简单例子，Broadcom 的 SDK 定义了一个 bcm_l3_route_create 方法来更新 L3 转发表，而 Barefoot 对应的流水线无关的方法是 bf_table_write。

在 Stratum 的内部，图 25 所示的其余组件的设计目的主要是让 Stratum 与供应商无关。在 Tofino 这样的可编程芯片中，Stratum 大部分是能通过的：来自上层的 P4Runtime 调用直接通过，到 Barefoot SDK。在像 Tomahawk 这样的固定功能芯片中，Stratum 维护将 P4Runtime 调用转换为 Broadcom SDK 对应部分所需的运行时状态。大体上，这意味着将 P4Runtime 调用 switch.p4（4.5.1 节）映射到 Broadcom SDK 调用。例如，在 switch.p4（4.5.1 节）这样的程序中，更新表条目的 P4Runtime 调用会映射到 Broadcom SDK 调用，以更新一个 ASIC 表中的条目。

5.2　P4Runtime 接口

可以将如图 25 所示的 P4Runtime 接口看作控制交换机的服务器端的 RPC 存根。类似地，SDN 控制器中也包含一个相应的客户端存根。它们一起实现了控制器和交换机之间的 P4Runtime 合约。生成此合约的工具链如图 26 所示，类似于之前的图，我们将原始的 P4 转发程序表示为抽象图，而不是实际的 P4 源代码。

图 26 的一个关键点是 P4 编译器生成加载到每个交换芯片中的二进制文件，以及用于（间接通过交换机操作系统）控制交换芯片的运行时接口[⊖]。编译器在特定供应商后端的帮助下执行此操作，图 26 展示了两个可能的例子。注意，这些特定供应商的后端必须是针对特定的架构模型编写（如本例中的 arch.p4 所定义的架构模型）。

⊖　当我们说二进制文件已经被加载到交换芯片中时，采用的是在通用处理器中熟悉的术语。确切的过程是 ASIC 特定的，还可能包括通过 SDK 初始化的各种芯片上的表。

换句话说，现在它是 P4 语言、特定 ASIC 的后端和架构模型的组合，其中架构模型定义了将功能注入数据平面的编程环境。

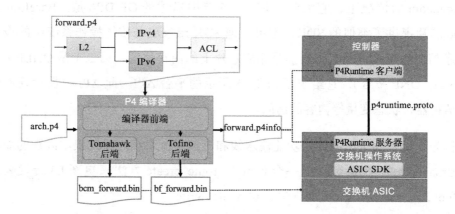

图 26   P4 工具链实现 ASIC 无关且自动生成的 P4Runtime 合约（表示为一种协议缓存规范）

端到端的最后一部分是，运行时合约与被加载到数据平面中的原始程序之间的连接。以 4.4 节中展示的简单转发程序为例，我们看到 forward.p4 定义了一个查找表，此处重新声明一下这个表：

```
table ipv4_lpm {
    key = {
        hdr.ipv4.dstAddr: lpm;
    }
    actions = {
        ipv4_forward;
        drop;
        NoAction;
    }
    size = 1024;
    default_action = drop();
```

相应地，编译器输出的 forward.p4info 文件指定了 P4Runtime 合约。如下面的例子所示，它包含足够的信息，以全面通知控制器和交换机如何格式化、如何解释 gRPC 方法集（这些方法是插入、读取、修改和删除表项所需的）。例如，表的定义标识了要匹配的字段（hdr.ipv4.dstAddr）和匹配的类型（LPM），以及三个可能的动作。

```
actions {
    preamble {
        id: 16800567
        name: "NoAction"
        alias: "NoAction"
```

```
        }
    }
    actions {
        preamble {
            id: 16805608
            name: "MyIngress.drop"
            alias: "drop"
        }
    }
    actions {
        preamble {
            id: 16799317
            name: "MyIngress.ipv4_forward"
            alias: "ipv4_forward"
        }
        params {
            id: 1
            name: "dstAddr"
            bitwidth: 48
        }
        params {
            id: 2
            name: "port"
            bitwidth: 9
        }
    }
    tables {
        preamble {
            id: 33574068
            name: "MyIngress.ipv4_lpm"
            alias: "ipv4_lpm"
        }
        match_fields {
            id: 1
            name: "hdr.ipv4.dstAddr"
            bitwidth: 32
            match_type: LPM
        }
        action_refs {
            id: 16799317
        }
        action_refs {
            id: 16805608
        }
        action_refs {
            id: 16800567
        }
        size: 1024
    }
```

gRPC 工具链从这里开始接管。为了实现这一点，工具链必须知道哪些 P4 语言元素是可控的，因此可以被 p4runtime.proto "公开"。这些信息包含在 forward.p4info 中，它精确地指定了如源 P4 程序[⊖]中定义的那些可控元素集合及其属性。表中的元素是一个明显的例子，但也有其他的元素，包括计数器和仪表，它们用于向控制器报告状态信息，并允许控制器分别指定 QoS 等级，但这两个元素都没有包含在我们的示例程序中。

最后，控制器实际上向这个表写入条目。一般来说，这个控制器运行在 ONOS 之上，因此间接地与交换机交互，我们可以看一个简单的示例，在这个示例中，Python程序实现了控制器，并将一个条目直接写入表中（在 P4Runtime 库的帮助下）。

```
import p4runtime_lib.helper
        ...
table_entry = p4info_helper.buildTableEntry(
    table_name="MyIngress.ipv4_lpm",
    match_fields={
        "hdr.ipv4.dstAddr": (dst_ip_addr, 32)
    },
    action_name="MyIngress.ipv4_forward",
    action_params={
        "dstAddr": next_hop_mac_addr,
        "port": outport,
    })
ingress_sw.WriteTableEntry(table_entry)
```

5.3 gNMI 和 gNOI

配置和操作任何网络设备的一个核心挑战是，定义一组可供操作员在设备上获取（GET）和设置（SET）的变量，另外还要求该变量的字典在不同设备之间是统一的（即供应商无关）。定义这样一个字典，Internet 已经经历了数十年的实践，产生了与 SNMP 结合使用的 MIB（Management Information Base，管理信息库）。但是MIB 更关注于读取设备状态变量，而不是写入设备配置变量，后者过去一直是通过使用设备的 CLI（Command Line Interface，命令行界面）完成的。SDN 改变的结果之一是推动业界支持可编程的配置 API。这意味着要重新审视网络设备的信息模型。

⊖   原则上，这个 P4Info 文件不是绝对需要的，因为控制器和交换机可以使用源 P4 程序来导出处理
    P4Runtime 方法所需的所有信息。然而，P4Info 通过从 P4 程序中提取相关信息，并以一种更结构化的
    protobuf 定义的格式提供这些信息（使用 protobuf 库直接解析这些信息），使这个过程变得更容易。

SNMP 和 MIB 的早期，主要的技术进步（不太常见）是实用建模语言的可用性，其中 YANG 是过去几年里涌现出的代表。YANG 代表着另类的下一代，这个被用来嘲笑重复性工作的名字被证明是必要的，它可以被看作 XSD 的受限版本（XSD 是一种为 XML 定义架构的语言）。YANG 定义了数据的结构，但与 XSD 不同，它不是特定于 XML 的。相反，YANG 可以与不同的线上报文格式一起使用，既包括 XML，也包括 protobuf 和 JSON。如果你对这些首字母缩略词不熟悉，或者对标记语言和标记语言架构之间的区别很模糊，网上有适当的介绍。

扩展阅读

Markup Languages (XML). Computer Networks: A Systems Approach, 2020.

朝这个方向发展的重要之处在于，定义可读写变量语义的数据模型是以可编程的形式提供的，它不仅仅是标准文档中的文本。此外，尽管所有的硬件供应商都在推广其产品的独特功能，但每个供应商都定义一个独特的模型并不是各自为政。因为购买网络硬件的网络运营商有强烈的动机推动类似设备的模型走向融合，而供应商也有同样强烈的动机遵循这些模型。YANG 让创建、使用和修改模型的过程变得可编程，从而适应这一迭代过程。

这就是一个全行业标准化工作开始发挥作用的地方，这个工作被称为 OpenConfig。OpenConfig 是一组网络运营商，它们试图用 YANG 作为建模语言，推动行业形成一套通用的配置模型。至于用来访问设备配置和状态变量的线上协议，OpenConfig 是不关心的，但是 gNMI（gRPC Network Management Interface，gRPC 网络管理接口）是它正在积极追求的一种方法。正如你可能从它的名字猜到的那样，gNMI 使用 gRPC（gRPC 又运行在 HTTP/2 之上）。这意味着 gNMI 还采用 protobuf 作为它指定数据通过 HTTP 连接实际通信的方式。因此，gNMI 致力于作为网络设备的标准管理接口。

为完整起见，请注意 NETCONF 也是另一种"后 SNMP"，用于向网络设备传输配置信息。OpenConfig 也可以与 NETCONF 一起使用，但我们目前的评判是，gNMI 作为未来的管理协议有很大的行业影响力。因此，在我们对完整的 SDN 软件栈的描述中重点介绍了它。

OpenConfig 定义了对象类型的层次结构。例如，网络接口的 YANG 模型如下所示：

```
Module: openconfig-interfaces
    +--rw interfaces
        +--rw interface*   [name]
            +--rw name
            +--rw config
            |   ...
            +--ro state
            |   ...
            +--rw hold-time
            |   ...
            +--rw subinterfaces
                |   ...
```

这是一个可以被扩展的基本模型，例如对以太网接口进行建模：

```
Module: openconfig-if-ethernet
    augment /ocif:interfaces/ocif:interface:
        +--rw ethernet
        +--rw config
        |       +--rw mac-address?
        |       +--rw auto-negotiate?
        |       +--rw duplex-mode?
        |       +--rw port-speed?
        |       +--rw enable-flow-control?
        +--ro state
            +--ro mac-address?
            +--ro auto-negotiate?
            +--ro duplex-mode?
            +--ro port-speed?
            +--ro enable-flow-control?
            +--ro hw-mac-address?
            +--ro counters
                ...
```

可以定义其他类似的扩展来支持链路聚合、IP 地址分配、VLAN 标记等。

OpenConfig 层次结构中的每个模型都定义了配置状态和操作状态的组合，其中，配置状态可由客户端读写（在示例中表示为 rw），操作状态报告设备的状态（在示例中表示为 ro，表示它是客户端只读的）。声明性配置状态和运行时反馈状态之间的这种区别是任何网络设备接口的一个基本方面，其中 OpenConfig 明确地专注于推广后者，以包括运营商需要跟踪的网络遥测数据。

云上的最佳实践

我们对 OpenConfig 与 NETCONF 的评论基于 SDN 的一个基本原则，即将云计算的最佳实践引入网络。它涉及一些大的想法，比如将网络控制平面实现为一个可扩展的云服务，但它在更小的范围上也有一些优点，比如使用 gRPC 和 protobuf 等新的报文传送框架。

这种特定情况下的优势是显而易见的：（1）使用基于 HTTP/2 和 protobuf 的封装来改进和优化传输，而不是使用 SSH 和手工编码封装；（2）二进制数据编码，而不是基于文本的编码；（3）面向差异的数据交换，而不是基于快照的响应；（4）对服务器推送和客户端流的本地支持。

拥有一组有意义的模型是必要的，但完整的配置系统也包括其他元素。在我们的示例中，关于 Stratum 和 OpenConfig 模型之间的关系有三个要点。

第一个要点是 Stratum 依赖于 YANG 工具链。图 27 展示了将基于 YANG 的一组 OpenConfig 模型转换为 gNMI 使用的客户端和服务器端 gRPC 存根所涉及的步骤。图中所示的 gNMI 服务器与图 25 中所示的 gNMI 接口门户相同。该工具链支持多目标编程语言（Stratum 恰巧使用了 C++），gRPC 的客户端和服务器端不必用相同的语言编写。

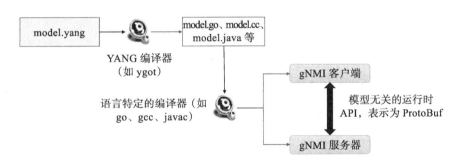

图 27　用于为 gNMI 生成基于 gRPC 的运行时环境的 YANG 工具链

请记住，YANG 与 gRPC 和 gNMI 都无关。该工具链能够从完全相同的 OpenConfig 模型开始，但分别使用（例如）NETCONF 或 RESTCONF，为网络设备所读取或写入的数据生成 XML 或 JSON 表示。在我们的语境中，目标是 protobuf，Stratum 用它来支持在 gRPC 上运行的 gNMI。

第二个要点是 gNMI 定义了一组特定的 gRPC 方法用在这些模型上。在

protobuf 规范中，这组方法被统称为服务：

```
Service gNMI {
    rpc Capabilities(CapabilityRequest)
        returns (CapabilityResponse);
    rpc Get(GetRequest) returns (GetResponse);
    rpc Set(SetRequest) returns (SetResponse);
    rpc Subscribe(stream SubscribeRequest)
        returns (stream SubscribeResponse);
}
```

Capabilities 方法用于检索设备支持的模型定义集。Get 和 Set 方法分别用于读取和写入某个模型中定义的相应变量。Subscribe 方法用于设置来自设备的遥测更新流。相应的参数和返回值（例如 GetRequest、GetResponse）由 protobuf Message 定义，并包括来自 YANG 模型的各种字段。一个给定的字段通过在数据模型树中提供其完全限定的路径名来指定。

第三个要点是，Stratum 不必关心 OpenConfig 模型的全部范围。这是因为作为一个旨在支持集中式控制器的交换机操作系统，Stratum 关心配置数据平面的所有方面，但通常不涉及配置 BGP 之类的控制平面协议。在基于 SDN 的解决方案中，这种控制平面协议不再实现在交换机上（尽管它们仍然在网络操作系统的范围内，实现了其集中式的对应部分）。具体来说，除了一组系统和平台变量（其中每个人都喜欢的例子是交换机的风扇速度）之外，Stratum 还跟踪以下的 OpenConfig 模型：接口、VLAN、QoS 和 LACP（链路聚合）。

在结束本节时，我们将注意力转向 gNOI，但没什么好说的。这是因为 gNOI 所使用的底层机制与 gNMI 的完全相同，而且在更大的方案中，交换机的配置接口和操作接口之间几乎没有区别。一般来说，持久状态由 gNMI 处理（并定义了相应的 YANG 模型），而清除或设置临时状态则由 gNOI 处理。同样的情况是，像重新启动和 ping 这样的非幂等操作，往往属于 gNOI 的域。在任何情况下，这两者都足够紧密地排在一起，被统称为 gNXI。

作为使用 gNOI 的示例，下面是 System 服务的 protobuf 规范：

```
service System {
    rpc Ping(PingRequest)
        returns (stream PingResponse) {}
    rpc Traceroute(TracerouteRequest)
        returns (stream TracerouteResponse) {}
```

```
rpc Time(TimeRequest)
    returns (TimeResponse) {}
rpc SetPackage(stream SetPackageRequest)
    returns (SetPackageResponse) {}
rpc Reboot(RebootRequest)
    returns (RebootResponse) {}
// ...
}
```

其中，举例来说，以下 protobuf 消息定义了 RebootRequest 参数：

```
message RebootRequest {
    //COLD、POWERDOWN、HALT、WARM、NSF 等
    RebootMethod method = 1;
    // 发出重新启动前进行纳秒级的延迟
    uint64 delay = 2;
    // 有关重新启动的信息性原因
    string message = 3;
    // 要重新启动的可选子组件
    repeated types.Path subcomponents = 4;
    // 如果合理性检查失败，则强制重新启动
    bool force = 5;
}
```

提醒一下，如果你不熟悉 protobuf，可参考网上的简短概述。

> **扩展阅读**
>
> Protocol Buffers. Computer Networks: A Systems Approach, 2020.

5.4　SONiC

同样，SAI 是一个行业范围的交换机抽象（参见 4.5 节），SONiC 是一个供应商无关的交换机操作系统，在行业中发展势头正猛。SONiC 利用 SAI 作为供应商无关的 SDK，最初由 Microsoft 开放源码，继续充当 Azure 云的交换机操作系统。和 Stratum 一样，SONiC 还可以利用 ONL（开放网络 Linux）作为其底层的操作系统。所有这些都在说明，Stratum 和 SONiC 在试图满足同样的需求。今天，它们各自的做法基本上是相辅相成的，两个开源社区都在努力寻求"两个世界中都最好"的解决方案。

SONiC 和 Stratum 都支持配置接口，因此统一这些接口将是协调各自数据模型和工具链的问题。主要的区别是 Stratum 支持可编程转发流水线（包括 P4 和

P4Runtime），而 SAI 采用最小公分母方法实现转发。两个开源项目的开发人员正在共同制定路线图，这将使感兴趣的网络能够以增量和低风险的方式利用可编程流水线。

这项工作的目标是：（1）通过 P4Runtime 和 gNMI，使远程 SDN 控制器 / 应用与 SAI 交互；（2）使用 P4 启用 SAI 扩展，以提高数据平面中功能模块的执行速度。这两个目标都依赖于 SAI 行为模型的新表示和基于 P4 程序的流水线（所谓的 sai.p4 程序，如 4.6 节中的图 24 所示）。如果问从这些协调工作中得到什么，那应该是：拥抱一个可编程的流水线（和相应的工具链）才是正道。

网络操作系统

现在，我们已经做好了准备，从纯局部状态的单一交换机转移到由 NOS（Network Operating System，网络操作系统）维护的全局的、网络范围的视图。思考 NOS 的最佳方式是，把它看作可水平扩展的云应用。它由一系列松散耦合的子系统组成——其通常与微服务架构关联在一起，还包括可扩展的且高度可用的键 / 值存储。

本章描述了以 ONOS 为参考实现的 NOS 的总体结构。重点是由经验产生的核心抽象，这些经验来源于在 ONOS 上实现广泛的控制应用，以及使用 ONOS 管理同样广泛的网络设备。本章还讨论了可扩展的性能和高可用性这两个至关重要的问题。

6.1 ONOS 架构

ONOS 的总体架构如图 28 所示。它包含三个主要的层：

1. 一组北向接口（Northbound Interfaces，NBI）：应用用来随时了解网络状态（例如遍历拓扑图、截获网络数据包）以及控制网络数据平面（例如，通过第 3 章中所介绍的 FlowObjective API 编程流目标）。

2. 一个分布式内核：负责管理网络状态并通知应用在此状态下有相关的变化。该内核内部是一个称为 Atomix 的可扩展的键 / 值存储。

3. 一个南向接口（Southbound Interface，SBI）：由一组插件构成，包括共享的协议库和设备特定的驱动程序。

如图 28 所示，这种设计是高度模块化的，通过配置的给定部署来包含它所需要的一组模块。在最后一节讨论可扩展性的问题之前，我们暂且推迟讨论模块化的确切形式（例如 Karaf、Kubernetes）。在此之前，我们的侧重点在于 ONOS 的功能性组织。

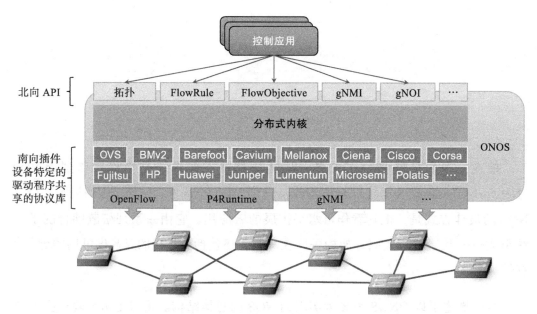

图 28   ONOS 的三层体系结构，承载一组控制应用

在深入了解每一层的细节之前，我们还有三件关于图 28 的事情需要注意。第一件事是 NBI 的广度。如果你认为 ONOS 是一个操作系统，这是有道理的：所有对底层硬件的访问，无论是通过控制程序还是人类操作员，都是由 ONOS 促成的。这意味着北向 API 的结合必须足以配置、操作和控制网络。例如，NBI 用 gNMI 和 gNOI 分别进行配置和操作。这还意味着 NBI 需要包含一个控制应用用来了解底层网络状态的变化（例如上下移动的端口）的 Topology API 以及用来控制底层交换机的 FlowObjective API。

另外，虽然我们通常将运行在 NOS 之上的应用描述为网络控制平面的实现，但实际上，有许多应用运行在 ONOS 上，实现了所有功能，从能监视网络状态的 GUI，到操作人员可用来发出指令的传统 CLI。

在运行在 ONOS 上的应用中有一个零接触的管理平面，它为网络添加新的硬件，确保其安装了正确的软件、证书、配置参数和流水线定义。这个示例如图 29 所示，其中有一个要点是 ONOS 没有一个固定的 NBI：潜在地存在着多层应用和服务运行在 ONOS 上，每一下层应用和服务的顶部都为上层提供某种服务。零接触配置（Zero-Touch Provisioning，ZTP）的声明是在 ONOS 之上还是在 ONOS 之内是随意的，这指出了一种重要方式，ONOS 不同于传统的操作系统：ONOS 中没有系统调用等效的接口来标记特权内核和多个用户域之间的边界。换句话说，ONOS 目前运作在一个单一的信任域中。

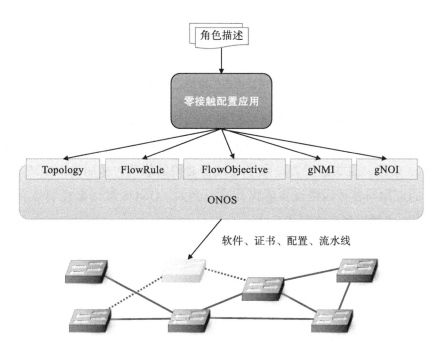

图 29　零接触配置应用示例，以要安装的交换机的"特定角色"作为输入，ONOS
　　　　相应地配置该交换机

关于图 28 需要注意的第二件事是，ONOS 将控制应用要施加给网络的行为抽象描述，映射到需要与网络中的每个交换机通信的具体指令上。应用可以选择各种方法来影响网络的运行。一些应用使用高级意图，即网络范围的、与拓扑无关的编程构造。其他需要更细粒度控制的应用则使用流目标，即以设备为中心的编程构造。流目标与流规则非常相似，只是它们与流水线无关。应用使用它们来控制固定功能的流水线和可编程的流水线。如图 30 所强调的，面对各种各样的流水线，完成这项工作是很复杂的，ONOS 就是专门用来解决这个问题的。

关于图 28 需要注意的第三件事是，信息通过 ONOS"向下"和"向上"流动。我们很容易关注到，应用使用 ONOS NBI 来控制网络，但南向插件也会将底层网

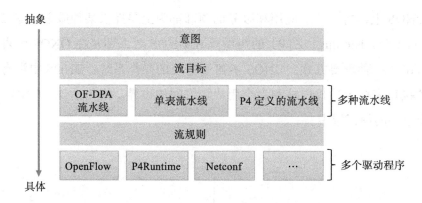

图 30   ONOS 管理从网络行为的抽象描述到每设备指令集的映射

络的信息传递到 ONOS 内核。这包括拦截数据包、发现设备及其端口、报告链路质量等。这些 ONOS 内核和网络设备之间的交互由一组适配器（例如 OpenFlow、P4Runtime）处理，这些适配器隐藏了与设备通信的细节，从而将 ONOS 内核及在其上运行的应用与各种网络设备隔离开来。例如，ONOS 被用来控制私有交换机、裸机交换机、光学设备和蜂窝式基站。

6.2　分布式内核

ONOS 内核由许多子系统组成，每个子系统负责一个网络状态的特定方面（例如拓扑、主机跟踪、数据包截获、流编程）。每个子系统都维护着自己的服务抽象，其中，它的实现负责在集群中传播状态。

许多 ONOS 服务是使用分布式表（映射）构建的，这些表反过来使用分布式键 / 值存储实现。对于任何关注现代云服务如何设计的人来说，这种存储都很熟悉，它可以跨一组分布式的服务器进行扩展，并实现一个共识算法，以便在发生故障事件时实现容错。ONOS 所使用的具体算法是 Raft，Diego Ongaro 和 John Ousthout 在一篇论文中对其做了很好的描述。网站还提供了一个很有用的可视化工具。

扩展阅读

Ongaro and J. Ousterhout. The Raft Consensus Algorithm.

ONOS 使用 Atomix 作为存储。Atomix 超越了核心 Raft 算法，提供了一组丰富的编程原语，ONOS 使用这些原语来管理分布式状态，并通过控制应用提供对这种状态的轻松访问。

这种分布式方法是一种常见的设计范式，它产生了一种既可扩展（在足够多的虚拟化实例上运行，以处理请求的负载）又高度可用（在足够多的实例上运行，以在出现故障时继续提供服务）的系统。ONOS（或任何网络操作系统）的具体内容是一组它定义的映射：所存储的键的语义以及与这些键相关联的值的类型。正是这种数据模型使得网络操作系统梦想成真（或者说，不是一个拼车应用或社交网络）。尽管我们首先要简要介绍一下 Atomix 支持的原语，本节还是主要关注这组数据模型以及围绕它们构建的相应服务。

6.2.1　Atomix 原语

之前的讨论介绍了 Atomix 是一个键 / 值存储，它的确是这样的，但是将 Atomix 描述为构建分布式系统的通用工具也是准确的。它是一个基于 Java 的系统，支持以下功能：

- 分布式数据结构，包括映射、集合、树和计数器。
- 分布式通信，包括直接消息模式和发布 / 订阅模式。
- 分布式协作，包括锁、领导选举和栅障。
- 管理组成员关系。

例如，Atomix 包含了 AtomicMap 和 DistributedMap 原语。两者都通过附加的方法扩展了 Java 的 Map 实用程序。在 AtomicMap 情形中，原语使用乐观锁执行原子更新，使得所有操作保证都是原子性的（映射中的每个值都有一个单调递增的版本号）。相反，DistributedMap 原语支持最终一致性而非保证一致性。这两个原语都支持基于事件的相应映射变化通知。客户端可以通过在映射上注册事件监听器来监听插入、更新、删除条目。

正如我们在下一小节中要看到的，映射是 ONOS 所使用的主力原语。我们接下来通过查看 Atomix 在 ONOS 中所扮演的另一角色来结束此节：协作所有 ONOS 实例⊖。这种协作有两个方面。

首先，作为一种水平可扩展的服务，在任何给定时间运行的 ONOS 实例数量取决于负载和在出现故障时保证可用性所需复制的级别。Atomix 的组成员关系原语用

⊖　为了讨论这个问题，假设 ONOS 是作为一个整体打包的，然后在多个虚拟化的实例之间进行扩展。在 6.5 节中，我们会讨论将 ONOS 功能划分为独立扩展的微服务的其他方法。

于确定可用的实例集，从而可以检测已启动的新实例和已出现故障的现有实例（注意，ONOS 实例集不同于 Atomix 实例集，两者都能够独立地扩展。本段和下一段专注于 ONOS 的实例）。

其次，每个实例的主要工作是监视和控制网络中物理交换机的一个子集。ONOS 采取的方法是为每个交换机选择一个主实例，只有主实例向给定的交换机发出（写入）控制指令。所有的实例都能监视（读取）交换机状态。然后实例使用 Atomix 的 leader-election（领导选举）原语来确定每个交换机的主实例。如果 ONOS 实例发生故障，则使用相同的原语为交换机选择新的主实例。在新交换机上线时也使用同样的方法。

6.2.2 服务

ONOS 通过定义一组核心表（映射）来构建 Atomix，这些表又被打包为控制应用（和其他服务）可用的服务集。表和服务是看待相同事物的两种方式：一种是键 / 值对的集合，另一种是应用和其他服务与这些键 / 值对进行交互的接口。图 31 描绘了对应的层，其中中间的三个组件——拓扑、链路和设备是 ONOS 服务的示例。

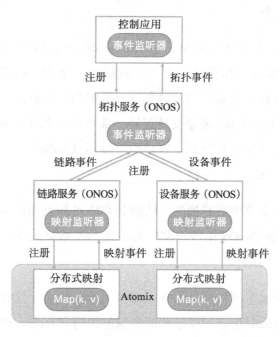

图 31 ONOS 在 Atomix 中实现的相应的表（映射）的顶部提供了一组服务，
例如拓扑、设备和链路服务

请注意图 31 中的拓扑服务没有关联映射，而是间接访问由链路和设备服务定义的映射。拓扑服务将结果网络图缓存在内存中，这为应用提供了一种低延迟的只读方式来访问网络状态。拓扑服务也计算图的生成树，以确保所有应用看到相同的广播树。

作为一个整体，ONOS 定义了一个相互连接的服务图，图 31 只显示了一个小的子图。图 32 扩展了这个视图，以说明 ONOS 内核的一些其他方面，这里简化一下来展示作为某些（但不是全部）服务属性的 Atomix 映射。

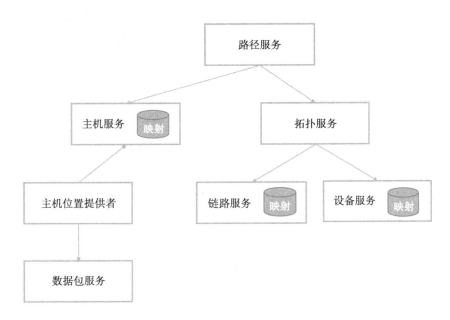

图 32　构建路径服务时涉及的服务依赖图（部分服务有自己的键 / 值映射）

关于这个依赖关系图，有几个值得注意的地方。首先，路径服务（应用可以查询该服务以获取主机对之间的端到端路径）依赖于拓扑服务（用于跟踪网络图）和主机服务（用来跟踪连接到网络的主机）。注意，箭头的方向性隐含着依赖性，但如图 32 所示，信息在两个方向上流动。

其次，主机服务既有北向接口，也有南向接口。路径服务使用其北向接口读取主机的相关信息，而主机位置供应商使用南向接口写入主机的相关信息。主机服务本身只不过是 Atomix 映射（用于存储有关主机的信息）的包裹器。我们在 6.4 节会回到供应商的抽象概念，但简而言之，它们都是与底层网络设备交互的模块。

再次，主机位置供应商监视网络业务，例如拦截 ARP、NDP 和 DHCP 数据包，以了解连接到网络的用户，然后提供这些信息给主机服务。反过来，主机位置供应商依赖于数据包服务来帮助它拦截这些数据包。数据包服务为其他 ONOS 服务定义了设备无关的方法，以指示底层的交换机捕获所选择的数据包，并将其转发到控制平面。ONOS 服务还可以使用数据包服务将数据包注入数据平面。

最后，虽然图 32 中所描述的服务图旨在发现网络拓扑，但是在很多场景中，拓扑是固定的，这被称作先验（priori）。这经常发生在控制平面是为一个特定的拓扑量身定做时，就像本书中所讨论的叶 – 脊拓扑一样。对于这种情况，拓扑服务接受位于依赖图上方的控制应用（或高级服务）的配置指令⊖。ONOS 包含这样的配置服务，称为网络配置，如图 33 所示。反过来，它接受来自人工操作员或自动编排器的配置指令，如图 29 中的 ZTP 控制应用例子。

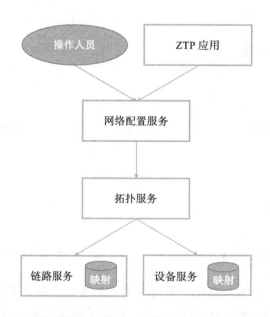

图 33　网络配置服务模块，支持配置应用和人工操作员

我们刚刚浏览的一系列示例（图 31 至图 33）说明了从部件构建 ONOS 的基础知识。为了完整起见，下面对最常用的 ONOS 服务进行总结：

主机：记录连接到网络的端系统（机器或虚拟机）。配有一个或多个主机发现应用程序，这些程序通常用来拦截 ARP、NDP 或 DHCP 数据包。

设备：记录基础设备特定的信息（交换机、ROADM 等），包括端口。配有一个

⊖　拓扑服务仍然从底层网络采集真实信息，验证它是否匹配从上面传入的配置指令，并在出现不一致时通知网络配置服务模块。

或多个设备发现应用。

链路：记录连接基础设备 / 端口对的链路属性。配有一个或多个链路发现应用（例如，发出和拦截 LLDP 数据包）。

拓扑：使用图抽象表示整个网络。它构建在设备和链路服务之上，并提供一个清晰的图，该图以基础设备为节点，以基础链路为边。当收到关于设备和链路清单的事件时，该图使用最终一致性方法收敛于网络拓扑。

主实例关系：运行领导力竞争（使用 Atomix leader-election 原语）来选择集群中的哪个 ONOS 实例应是每个基础设备的主实例。如果一个 ONOS 实例失败（例如服务器电源故障），它确保尽快为所有剩余设备选择一个新的主实例。

集群：管理 ONOS 集群配置。它提供了关于 Atomix 集群节点以及所有对等 ONOS 节点的信息。Atomix 节点构成了作为共识基础的实际集群，而 ONOS 节点实际上只是用来扩展网络设备控制逻辑和 I/O 的客户端。ONOS 使用 Atomix 的成员关系原语来设置条目。

网络配置：规定关于网络的元信息，例如设备及其端口、主机、链路等。提供关于网络的外部信息，以及如何由 ONOS 内核和应用来处理网络。由编排器应用、ZTP 控制应用或操作员手动进行设置。

组件配置：管理 ONOS 内核和应用中各种软件组件的配置参数。这些参数（即如何处理外部流规则、地址或 DHCP 服务器、轮询频率等）允许裁剪软件的行为。由操作员根据部署需要进行设置。

数据包：允许内核服务和应用截取数据包（包输入）并将数据包发送回网络。这是大多数主机和链路发现方法（例如 ARP、DHCP、LLDP）的基础。

几乎每个应用都使用上述服务，因为它们提供了关于网络设备及其拓扑的信息。然而，还有更多的服务，包括那些允许应用使用不同的构造和不同的抽象级来编程网络行为的服务。我们将在下一节中更深入地讨论其中的一些内容，目前我们注意到，它们包括：

路由：定义下一跳映射的前缀。由控制应用设置或由操作员进行手动配置。

多播：定义组 IP、源和汇聚节点位置。由控制应用设置或由操作员进行手动配置。

组：汇聚设备中的端口或动作。流条目可以指向一个已定义的组，以允许采用复杂的转发方式，例如组中端口之间的负载平衡、组中端口之间的故障接管，或者多播到组中指定的所有端口。组还可以用于汇聚不同流的常见动作，以便在某些场景中，对于所有访问流条目，只需要修改一个组条目，而不必修改所有的组条目。

仪表：表示速率限制，用于提高由设备处理的精选的网络业务的服务质量。

流规则：提供一种以设备为中心的匹配 – 动作对，用于对数据平面设备的转发行为进行编程。它要求流规则条目由符合设备的表流水线结构和功能组成。

流目标：提供一种以设备为中心的抽象，用于按流水线无关的方式对设备的转发行为进行编程。它依赖于 Pipeliner 子系统（见下一节），实现与表无关的流目标和表特定的流规则或组之间的映射。

意图：提供一种与拓扑无关的方法来建立跨网络的流。高级规范即意图指示端到端路径的各种提示和约束，包括业务类型、源主机和目的主机或请求连接的入口和出口端口。服务在适当的路径上提供这种连接，然后持续监视网络，随着时间的推移改变路径，以继续满足在网络条件改变时意图所规定的目标。

上述每个服务都包括其自己的分布式存储和通知功能。各个应用可以自由地用其自己的服务来扩展这个集合，并用自己的分布式存储来支持它们的实现。这就是为什么 ONOS 通过直接访问 Atomix 原语（例如 AtomicMaps 和 DistributedMaps）提供应用。我们将在下一章更仔细地研究 Trellis 时看到此类扩展的示例。

6.3 北向接口

ONOS 的北向接口（NBI）有多个部分。第一，对于 ONOS 的给定配置中包含的每个服务，都有一个相应的 API。例如，如图 28 所示的 Topology 接口，它正是图 31 所示的拓扑服务提供的 API。第二，由于 ONOS 允许应用定义和使用自己的 Atomix 表，因此可以将 Atomix 编程接口视为 ONOS NBI 的另一部分。第三，ONOS NBI 包括 gNMI 和 gNOI。这些都是标准化接口，独立于 ONOS 的定义，但作为 ONOS NBI 的一部分得到支持。请注意，位于 gNMI 和 gNOI 之后的实现，也是围绕 Atomix 映射的 ONOS 服务。最后，也是最有趣的，ONOS 提供了一组用于控制底层交换机的接口。图 28 描述了其中的两个：FlowRule 和 FlowObjective。第一个借用于 OpenFlow，因此是与流水线有关的。第二个是与流水线无关的，也是本节其余部分的重点。

有三种类型的流目标：过滤、转发和下一个。过滤目标根据业务选择器确定是否允许业务进入流水线。转发目标通常通过将数据包中的选择字段与转发表相匹配，来确定允许哪些业务从流水线中流出。下一个目标指出了该业务应该接受什么样的处理，比如如何重写头。如果这听起来像一个抽象的三阶段流水线：

过滤→转发→下一个

那么，你就明白了流目标背后的思想。例如：过滤目标（段）可以指定匹配特定 MAC 地址、VLAN 标记和 IP 地址的数据包进入流水线；然后相应的转发目标（段）在路由表中查找 IP 地址；最后，下一个目标（段）根据需要重写包头，并将数据包分配给输出端口。当然，这三个段都不知道底层交换机使用什么样的表组合来实现匹配 - 动作对的相应序列。

挑战在于将这些与流水线无关的目标映射到相应的与流水线相关的规则上。在 ONOS 中，这个映射是由流目标服务进行管理的，如图 34 所示。为了简单起见，这个示例集中在流目标指定的选择器（匹配）上，其中关键是表达事实：你想要选择的一个特定的输入端口、MAC 地址、VLAN 标记和 IP 地址的组合，不考虑实现这种组合的流水线表的确切顺序。

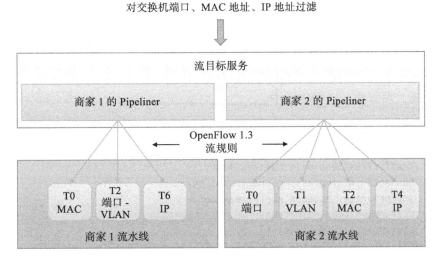

图 34 流目标服务负责管理与流水线无关的目标到流水线特定规则的映射

在内部，流目标服务被组织为设备特定的处理程序集，每个处理程序都使用ONOS 设备驱动机制实现。这种设备驱动程序行为是对"流目标指令应该如何映射到流规则操作"这一实现的抽象，它被称为 Pipeliner。图 34 展示了两个示例交换机流水线的 Pipeliner。

Pipeliner 能够将流目标映射到流规则（在固定功能流水线的情况下）和 P4 编程流水线。图 34 中给出的示例展示了前一种情况，其中包括到 OpenFlow 1.3 的映射。在后一种情况下，Pipeliner 利用了 Pipeconf，它是一种维护以下元素之间关联的结构：

1. 每个目标交换机的流水线模型。

2. 将流指令部署到交换机所需的目标特定的驱动程序。

3. 一个流水线特定的转换器，将流目标映射到目标流水线。

Pipeconf 使用从 P4 编译器输出的 .p4info 文件中提取的信息维护这些绑定，如5.2 节所述。

今天，标记为 1 的"模型"是由 ONOS 定义的，意味着当对数据平面编程时，开发人员的端到端工作流涉及了解 P4 架构模型（例如 v1model.p4）；当使用流目标对控制平面编程时，还要了解这个 ONOS 模型。最终，这些不同层的流水线模型将统一起来，并且很有可能在 P4 中指定。

从编程的角度讲，流目标是一个数据结构，与相关的构造器例程打包在一起。控制应用构建一个目标列表，并将它们传递给要执行的 ONOS。下列示例代码展示了构造的流目标，以指定一个通过网络的端到端流。将它们应用到底层设备的过程在别处完成，没有含在这个例子中。

```
public void createFlow(
    TrafficSelector originalSelector,
    TrafficTreatment originalTreatment,
    ConnectPoint ingress, ConnectPoint egress,
    int priority, boolean applyTreatment,
    List<Objective> objectives,
    List<DeviceId> devices) {
  TrafficSelector selector = DefaultTrafficSelector.builder(originalSelector)
    .matchInPort(ingress.port())
    .build();
```

```
// 可选地应用指定的处理
TrafficTreatment.Builder treatmentBuilder;
if (applyTreatment) {
   treatmentBuilder = DefaultTrafficTreatment.builder(originalTreatment);
} else {
   treatmentBuilder =
   DefaultTrafficTreatment.builder();
}

objectives.add(DefaultNextObjective.builder()
   .withId(flowObjectiveService.allocateNextId())
   .addTreatment(treatmentBuilder.setOutput(
       egress.port()).build())
   .withType(NextObjective.Type.SIMPLE)
   .fromApp(appId)
   .makePermanent()
   .add());
devices.add(ingress.deviceId());

objectives.add(DefaultForwardingObjective.builder()
   .withSelector(selector)
   .nextStep(nextObjective.id())
   .withPriority(priority)
   .fromApp(appId)
   .makePermanent()
   .withFlag(ForwardingObjective.Flag.SPECIFIC)
   .add());
devices.add(ingress.deviceId());
}
```

以上的示例创建了"下一个目标"和"转发目标","下一个目标"对流实施处理。该处理至少需要设置输出端口，但作为可选项，它还将作为参数传递进来的原始处理（originalTreatments）应用到创建流（createFlow）中。

6.4　南向接口

ONOS 灵活性的关键部分是其适应不同控制协议的能力。虽然控件交互和关联抽象的本质肯定受到了 OpenFlow 协议的启发，但 ONOS 旨在确保内核（以及写在内核之上的应用程序）独立于控制协议的细节。

本节将详细查看 ONOS 如何适应多种协议和异构的网络设备。基本方法是基于插件架构，有两种类型的插件：协议供应商和设备驱动程序。以下各小节依次进行说明。

6.4.1　供应商插件

ONOS 定义了一个南向接口（SBI）插件框架，其中每个插件定义了一些南向（面向网络的）API。每个插件——被称为一个协议供应商，充当 SBI 和底层网络之间的代理，其中，对每个人能使用什么控制协议与网络进行通信没有限制。供应商通过 SBI 插件框架进行注册，并能开始充当一个管道来传递 ONOS 应用、内核服务（上层）与网络环境（下层）之间的信息和控制指令，如图 35 所示。

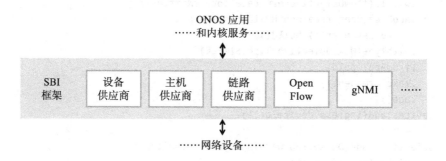

图 35　ONOS 南向接口用供应商插件进行扩展

图 35 包括两种通用的供应商插件。第一种是协议特定的，OpenFlow 和 gNMI 就是典型的例子。这些供应商中的每一个都有效地将 API 与实现相应协议的代码捆绑在一起。第二种类型——以如图所示的设备供应商、主机供应商和链路供应商为例，使用某种其他的 ONOS 服务与环境进行间接交互。这种类型的一个示例可见于6.2.2 节，其中主机位置供应商（一个 ONOS 服务）位于主机供应商（一个 SBI 插件）之后，后者定义了用于主机发现的 API，前者定义了一种发现主机的特定方法（例如，使用数据包服务拦截 ARP、NDP 和 DHCP 数据包）。类似地，LLDP 链路供应商服务（对应于链路供应商 SBI 插件）使用数据包服务截获 LLDP 和 BDDP 数据包，以推断基础设备之间的链路。

6.4.2　设备驱动程序

除了将内核与协议细节隔离之外，SBI 框架还支持设备驱动程序插件作为一种机制，将代码（包括供应商）与设备特定变化隔离开来。设备驱动程序是一组模块，每个模块都实现了很少一点控制或配置功能。与协议供应商一样，设备驱动程序如何选择实现这些功能并没有任何限制。设备驱动程序也被部署为 ONOS 应用，允许动态地安装和卸载它们，允许操作员任意地引入新的设备类型和模型。

6.5 可扩展的性能

ONOS 是一个逻辑上集中的 SDN 控制器，因此必须确保它能够及时响应可扩展的控制事件。它还必须在出现故障时保持可用。本节描述 ONOS 如何扩展以满足这些性能和可用性需求。我们从一些规模和性能数字开始，来感知一下集中式网络控制的先进性（在撰写本文时）：

规模：ONOS 支持多达 50 个网络设备、5000 个网络端口、50k 个用户、1M 个路由、5M 条流规则 / 组 / 仪表。

性能：ONOS 支持高达 10k 个配置操作 / 天、500k 个流操作 / 秒（持续的）、1000 个拓扑事件 / 秒（峰值），以及 50ms 内检测端口 / 交换机启动事件，5ms 内检测端口 / 交换机关闭事件，3ms 内完成流操作，6ms 内移交事件（RAN）。

生产部署至少运行三个 ONOS 实例，但这更多是为了可用性而不是性能。每个实例都运行在 32 核 /128GB-RAM 服务器上，并使用 Kubernetes 部署为 Docker 容器。每个实例捆绑一组相同的（但可配置的）内核服务、控制应用和协议供应商，ONOS 使用 Karaf 作为其内部的模块化框架。该捆绑包还包括 Atomix，尽管 ONOS 支持一种可选配置，它的键 / 值存储扩展与 ONOS 的其余部分无关。

图 36 说明了 ONOS 跨多个实例进行扩展的情况，其中实例集通过 Atomix 映射共享网络状态。该图还展示了每个实例负责底层硬件交换机的一个子集。如果给定的实例失败，剩下的实例将使用 Atomix "领导选举" 原语选择一个新实例来代替它，从而确保高可用性。

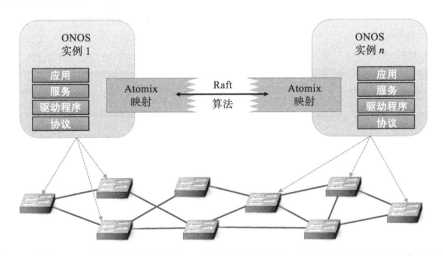

图 36 多个 ONOS 实例，都通过 Atomix 共享网络状态，提供可扩展的性能和高可用性

ONOS 的重构也正在进行，以更紧密地遵循微服务架构。新版本称为 μONOS，它利用了 ONOS 现有的模块性，但是独立地打包和扩展了不同的子系统。虽然原则上本章中的每个内核服务都可以打包为一个独立的微服务，但实践上这样做就太过精细了。相反，μONOS 采用了以下方法。首先，它将 Atomix 封装在自己的微服务中。其次，它将每个控制应用和南向适配器作为一个单独的微服务运行。再次，它将内核划分为四个不同的微服务：（1）导出网络图 API 的拓扑管理微服务；（2）导出 P4Runtime API 的控制管理微服务；（3）导出 gNMI API 的配置管理微服务；（4）导出 gNOI API 的操作管理微服务。

叶 – 脊结构

本章描述一种由一系列控制应用实现的叶-脊交换结构。我们使用运行在 ONOS 上的 Trellis 作为我们的示例实现。在前面的章节中,我们已经介绍了 Trellis 的各个方面,所以在深入细节之前,我们先总结一下重点内容。

- Trellis 支持叶-脊结构拓扑,它通常用于连接数据中心里的多个服务器机架(参见图 9),但它也支持多站点部署(参见图 15)。Trellis 仅使用裸机交换机,并配备了在前几章中介绍的软件构建叶-脊架构。它可以在固定功能与可编程相混合的流水线上运行,但在生产中其所运行的流水线通常是固定功能的。

- Trellis 支持宽泛的 L2/L3(层 2/ 层 3)功能,所有这些功能都被重新实现为 SDN 的控制应用(除了用于中继 DHCP 请求的 DHCP 服务器,以及用于与外部对等节点交换 BGP 路由的 Quagga BGP 服务器)。Trellis 实现了每个服务器机架内部的 L2 连接,以及机架之间的 L3 连接。

- Trellis 支持接入 / 边缘网络技术,例如 PON(参见图 11)和 RAN(参见图 15),包括将 IP 业务路由到连接这些接入网络的设备(或从设备路由到网络),将接入网络功能卸载到叶-脊结构交换机上等。

本章没有对所有这些功能进行全面的描述,但重点关注了数据中心的结构用例,这足以说明使用 SDN 原理构建生产级网络的方法。更多有关 Trellis 设计决策的全方位信息,请访问 Trellis 网站。

扩展阅读

Trellis. Open Networking Foundation, 2020.

7.1 特征集

SDN 提供了一个定制网络的机会，但出于实用性，采用 SDN 的第一个需求是再现已有的功能，并且要以一种复现（或改进）遗留解决方案的弹性和可扩展性的方式来实现。Trellis 满足了这个要求，我们在这里总结一下。

第一，关于 L2 连接，Trellis 支持 VLAN，包括基于 VLAN id 转发业务的本地支持，以及基于一对外部 / 内部 VLAN id 的 QinQ 支持。支持 QinQ 与接入网络尤其相关。其中，使用双重标记来隔离属于不同服务类别的业务。此外，Trellis 支持跨 L3 结构的 L2 隧道（包括单标记和双标记）。

第二，关于 L3 连接，Trellis 支持单播和多播地址的 IPv4 与 IPv6 路由。对于后者，Trellis 实现了集中式的多播树构造（不同于运行 PIM 这样的协议），但确实包括了 IGMP，支持希望加入 / 离开多播组的端主机。Trellis 还支持 ARP（用于 IPv4 地址转换为 MAC 地址）和 NDP（用于 IPv6 邻居发现），同时还支持 DHCPv4 和 DHCPv6。

第三，Trellis 在链路或交换机故障时提供了高可用性。它通过一系列众所周知的技术组合如双穴、链接绑定和 ECMP 链路组来实现这一点。如图 37 所示，Trellis 集群中的每个服务器都连接到一对 Top-of-Rack（ToR 或叶）交换机，其中，运行在每个计算服务器上的操作系统实现了"主动 – 主动（active-active）"链路关联。然后每个叶交换机通过一对链路连接到两个或多个脊交换机，形成一个 ECMP 组。ECMP 组定义为将叶交换机连接到给定的脊交换机的一对链路，或者定义为将每个叶交换机连接到一组脊交换机的一组链路。然后，集群作为一个整体拥有与外部路由的多个连接，如图中的叶交换机 3 和叶交换机 4 所示。图 37 中并没有展示的是：Trellis 运行在 ONOS 之上，为了确保可用性，ONOS 本身是可复制的。在如图所示的配置中，ONOS（以及此处的 Trellis 控制应用）被复制到了 3 到 5 台服务器上。

链路聚合和 ECMP 的使用很简单：数据包转发机制被增强，以便在一组（例如一对）链路（出口端口）内负载均衡地发出数据包，而不是只有一个单一的"最佳"输出链路（出口端口）。这既提高了带宽，也能在任何一条链路发生故障时产生自动恢复机制。交换机转发流水线情况也是如此，即明确地支持端口组，因此一旦建立了对等关系，就可以将它们一直推送到数据平面内。

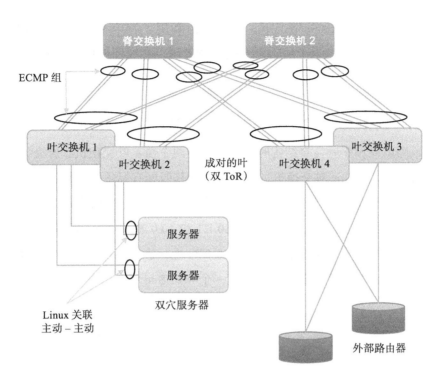

图 37 通过双穴、链路关联和 ECMP 组的组合实现高可用性

需要明确的是，ECMP 是一种 Trellis 在这种结构中的所有交换机上统一应用的转发策略。Trellis 控制应用知道拓扑结构，并相应地将端口组推送到这种结构中的每个交换机中。接着每个交换机将端口组应用到其转发流水线，然后该流水线跨越每个组中的端口集转发数据包，不另外涉及控制平面。

第四，在可扩展性方面，Trellis 拥有能够支持多达 120k 个路由和 250k 个流的能力。这是在一个包括两个脊交换机和八个叶交换机的配置中实现的，后者意味着多达四个机架的服务器。就可用性而言，Trellis 扩展性能的能力直接得益于 ONOS 的扩展能力。

7.2 分段路由

上一节重点介绍了 Trellis 做什么，本节重点介绍如何做。Trellis 的核心策略基于 SR（Segment Routing，分段路由）。术语"分段路由"来自这样一种思想，即任意一对主机之间的端到端路径可以由一系列段构成，其中标签交换技术用来沿着一个端到端路径穿越一系列段。分段路由是一种通用的源路由方法，它可以通过多种方式实现。在 Trellis 的情况下，分段路由利用了 MPLS（Multi-Protocol Label Switching，多协议标签交换）的转发平面，读者可以在线阅读更多相关内容。

扩展阅读

Multi-Protocol Label Switching. Computer Networks: A Systems Approach, 2020.

当分段路由应用于叶–脊结构时，总是涉及两个段：叶交换机到脊交换机和脊交换机到叶交换机。Trellis 对交换机进行编程，使其匹配有标签或无标签的数据包，并根据需要压入或弹出 MPLS 标签。图 38 说明了 Trellis 中分段路由是如何工作的，它使用了一个简单的配置，在一对主机（10.0.1.1 和 10.0.2.1）之间转发业务。在本示例中，连接到叶交换机 1 的服务器在子网 10.0.1/24 上，连接到叶交换机 2 的服务器在子网 10.0.2/24 上，并且每个交换机都被分配一个 MPLS id: 101、103、102 和 104。

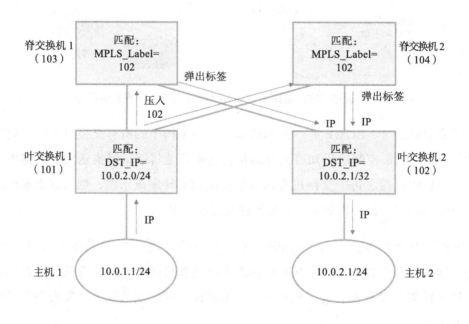

图 38 用于在一对主机之间转发业务的分段路由示例

当主机 1 发送一个目的地址为 10.0.2.1 的数据包时，它默认被转发到服务器的 ToR/叶交换机。叶交换机 1 匹配了目的 IP 地址，了解到这个数据包需要跨越叶–脊结构，并在叶交换机 2 出现，到达子网 10.0.2/24，因此将 MPLS 标签 102 压入数据包中。由于 ECMP，叶交换机 1 可以将结果数据包转发到任一脊交换机，在此脊交换机匹配 MPLS 标签 102，从包头弹出标签，并将其转发给叶交换机 2。最后，叶交换机 2 匹配目标 IP 地址，并将数据包一直转发到主机 2。

你应该从这个例子中了解到，分段转发是高度风格化的。对于给定的叶交换机和脊交换机的组合，Trellis 首先分配所有标识符，同时，每个机架被配置为共享 IP 前缀并处于同一 VLAN 中。然后，Trellis 提前计算可能的路径，并在底层交换机中安装相应的匹配 / 动作规则。在多个路径上均衡负载的复杂性则被委托给了 ECMP，它同样不知道任何端到端的路径。从实现的角度来看，实现分段路由的 Trellis 控制应用，将这些匹配 / 动作规则传递给 ONOS，ONOS 相应地将这些规则安装到底层交换机上。Trellis 也维护自己的 Atomix 映射，以管理连接叶交换机和脊交换机的 ECMP 组。

7.3　路由和多播

除了在叶交换机之间建立数据路径的分段路由之外，Trellis 还利用了第 6 章中介绍的路由和多播（Route and Mcast）服务。它们分别确定叶 – 脊交换机所服务的 IP 前缀，以及在哪里找到连接到每个多播组的所有主机。

Trellis 没有运行像 OSPF 这样的分布式协议来学习路由，也没有运行像 PIM 之类的分布式协议来构建多播树。相反，它根据全局信息计算正确的答案，然后将这些映射推送到路由和多播服务模块。这是很容易做到的，因为 Trellis 强加了简化约束，即每个机架精确地对应于一个 IP 子网。

为了使讨论更为具体，考虑一下：第 6 章中描述的所有 ONOS 服务都可以通过 RESTful API 或者 CLI 调用，CLI 是一个围绕 REST 的 GET、POST 和 DELETE 调用的瘦包裹器（thin wrapper）。使用 CLI 来说明（因为它更容易读），你能够查询路由服务模块来学习存在的路由，如下所示：

```
onos> routes

B: 最佳路由， R: 决定的路由

Table: ipv4
B R  Network          Next Hop        Source (Node)
     0.0.0.0/0        172.16.0.1      FPM (127.0.0.1)
> *  1.1.0.0/18       10.0.1.20       STATIC
> *  10.0.99.0/24     10.0.1.1        FPM (127.0.0.1)
  *  10.0.99.0/24     10.0.6.1        FPM (127.0.0.1)
   Total: 2

Table: ipv6
```

```
B R  Network                 Next Hop                 Source (Node)
> *  2000::7700/120          fe80::288:ff:fe00:1      FPM (127.0.0.1)
> *  2000::8800/120          fe80::288:ff:fe00:2      FPM (127.0.0.1)
> *  2000::9900/120          fe80::288:ff:fe00:1      FPM (127.0.0.1)
  *  2000::9900/120          fe80::288:ff:fe00:2      FPM (127.0.0.1)
   Total: 3
```

类似地，你也可以向路由服务模块添加一个静态路由：

```
onos> route-add <prefix> <nexthop>
onos> route-add 1.1.0.0/18 10.0.1.20
onos> route-add 2020::101/120 2000::1
```

关于这些例子，需要注意的一点是，有两种可能的路由源。一种是路由是静态的，这通常意味着 Trellis 将其插入，并完全知道它为集群中的每个机架分配什么前缀（人工操作员也可以使用 CLI 添加静态路由，但这将是一个例外，而不是普遍规则）。

第二种可能是 FPM 是源。FPM（Forwarding Plane Manager，转发平面管理器）是 ONOS 的另一种服务，也是 Trellis 的服务套件之一。它的工作是从外部的源学习路由，它利用了本地运行的 Quagga 进程，该进程被配置为与 BGP 邻居对等。每当 FPM 获取一个外部路由时，它就向路由服务模块添加相应的下一跳前缀映射，表明目的前缀通过连接到叶 – 脊结构的叶交换机，可以到达上游网络（例如图 37 中的交换机 3 和 4）。

多播是相似的。再次使用 ONOS CLI，可以创建新的多播路由并向其添加一个汇聚节点。例如：

```
onos> mcast-host-join -sAddr *
   -gAddr 224.0.0.1
   -srcs 00:AA:00:00:00:01/None
   -srcs 00:AA:00:00:00:05/None
   -sinks 00:AA:00:00:00:03/None
   -sinks 00:CC:00:00:00:01/None
```

这个例子指定了 ASM（Any-Source Multicast，任意源多播）（sAddr *）、多播组地址（gAddr）、组的源地址（srcs）和组汇聚节点地址（sinks）。汇聚节点可以按如下方式移除：

```
onos> mcast-sink-delete -sAddr *
   -gAddr 224.0.0.1
   -h  00:AA:00:00:00:03/None
```

同样，这里没有运行 PIM，但是作为替代，Trellis 为网络运营商提供了一个可编程的接口，通过一系列这样的调用来定义一棵多播树。例如，当 Trellis 作为接入网络的一部分向用户提供 IPTV 时，一种选择是运行在运营商机顶盒上的软件发出类似于上面所示的调用（当然，使用 RESTful API 而不是 CLI）。另一种选择是让机顶盒发送 IGMP 报文，Trellis 使用数据包服务模块进行拦截（类似于主机服务拦截 ARP 和 DHCP 数据包）。所以下次你用电视遥控器换频道的时候，你可能会触发整本书所描述的 SDN 软件栈上上下下的过程调用！

7.4 定制的转发

Trellis 是 SDN 的一个示例用例。它是运行在网络操作系统之上的一组控制应用，而网络操作系统又运行在一组以叶－脊拓扑结构排列的可编程交换机上，其中，每个交换机运行一个本地交换机操作系统。这样，Trellis 就成了我们自底向上的 SDN 软件栈之旅的顶点。

但是，如果我们从一开始就知道支持 Trellis 功能集的叶－脊结构正是我们想要的，我们可能会回到较低的层次，并为此对该结构进行裁剪。这就是随着时间的推移使用 Trellis 所发生的情况，从而产生了一个由名为 fabric.p4 的 P4 程序实现的定制的转发平面。我们对 fabric.p4 做一个高层次的总结，强调其设计如何充分融入软件栈的其余部分，并以此来结束本章。

在这样做之前，重要的是要承认，很难从一开始就确切地了解你想从网络中获得什么。网络的发展是基于使用和操作它们的经验。没有人一开始就知道如何编写 fabric.p4。但在迭代了栈上下其他层的一系列实现之后（包括引入 Tofino 作为可编程的转发流水线），fabric.p4 出现了。关键的是，将网络视为可编程平台可以使你自由地、持续地、快速地发展它。

换一种说法，我们介绍 forward.p4 作为典型示例：第 4 章中的 "定制的转发平面可以做我们想做的事情"，但是在这一章的其余部分，我们描述了所有的机制，这些机制使得 forward.p4 这样的东西成为可能，并且无须再访问它实际上可能实现的网络特定的功能。简而言之，fabric.p4 是 forward.p4 的一个具体示例，由于它与控制平面的关系，我们现在才能描述它。

关于 fabric.p4 有三件值得注意的事情。第一，它大致基于 Broadcom 的 OF-DPA 流水线。这是合理的，因为 Trellis 最初是在一组基于 Tomahawk 的交换机上实现的。fabric.p4 流水线比 OF-DPA 更简单，因为它消除了 Trellis 不需要的表。这使得 fabric.p4 更容易控制。

第二，fabric.p4 被设计成模仿 ONOS 的 FlowObjective API，从而简化了将 Flow-Objective 映射到 P4Runtime 操作的过程。图 39 展示了 fabric.p4 的入口流水线，对此进行了最好的说明。这里没有展示出口流水线，但在通常情况下，它直接重写了头字段。

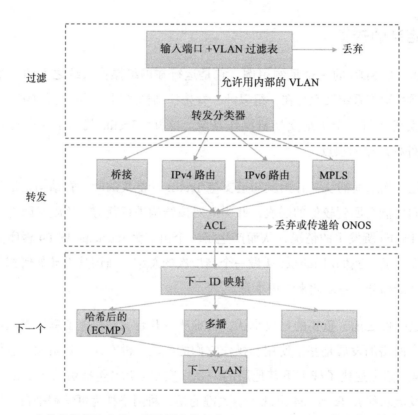

图 39　abric.p4 支持的逻辑流水线，设计用来并行化 FlowObjective API 的过滤、转发和下一个段

第三，fabric.p4 被设计成可配置的，从而可以有选择性地包含其他功能。当编写针对基于 ASIC 的转发流水线进行优化的代码时，这并不容易，而且在实践中它大量使用了预处理器条件语句（即 #ifdefs）。下面展示的代码片段是 fabric.p4 入口函数的主要控制块。选项的细节超出了本书的范围，但从高一层次而言包括：

- SPGW（Serving and Packet Gateway，服务和分组网关）：增强 IP 功能，支持 4G 移动网络。

- BNG（Broadband Network Gateway，宽带网络网关）：增强 IP 功能，支持光纤入户。
- INT（Inband Network Telemetry，带内网络遥测）：增加度量收集和遥测输出指令。

例如，配套文件 spgw.p4（未展示），为 SPGW 扩展实现了转发平面，其中包括 3GPP 蜂窝标准要求的 GTP 隧道封装 / 解封装，以便将 Trellis 结构连接到无线接入网的基站。同样，bng.p4（未展示）实现了 PPPoE 终端，用于一些无源光网络的部署，将 Trellis 结构连接到家庭路由器。最后，代码片段说明 fabric.p4 核心功能的基本结构是毫无价值的，它首先应用过滤目标（filtering.apply），然后应用转发目标（forwarding. apply 和 acl.apply），最后应用下一个目标（next.apply）。

```
apply {
#ifdef SPGW
    spgw_normalizer.apply(hdr.gtpu.isValid(), hdr.gtpu_ipv4,
        hdr.gtpu_udp, hdr.ipv4, hdr.udp, hdr.inner_ipv4,
        hdr.inner_udp);
#endif // SPGW

    // 过滤目标
    pkt_io_ingress.apply(hdr, fabric_metadata, standard_metadata);
    filtering.apply(hdr, fabric_metadata, standard_metadata);
#ifdef SPGW
    spgw_ingress.apply(hdr.gtpu_ipv4, hdr.gtpu_udp, hdr.gtpu,
        hdr.ipv4, hdr.udp, fabric_metadata, standard_metadata);
#endif // SPGW

    // 转发目标
    if (fabric_metadata.skip_forwarding == _FALSE) {
        forwarding.apply(hdr, fabric_metadata, standard_metadata);
    }
    acl.apply(hdr, fabric_metadata, standard_metadata);

    // 下一个目标
    if (fabric_metadata.skip_next == _FALSE) {
        next.apply(hdr, fabric_metadata, standard_metadata);
#if defined INT
        process_set_source_sink.apply(hdr, fabric_metadata,
            standard_metadata);
#endif // INT
    }
#ifdef BNG
    bng_ingress.apply(hdr, fabric_metadata, standard_metadata);
#endif // BNG
}
```

VNF 卸载

SPGW 和 BNG 扩展是一种优化技术的示例，有时被称为 VNF 卸载。VNF 是 Virtual Network Function（虚拟网络功能）的缩写，它指的是有时作为虚拟机中软件运行的功能。卸载指的是重新实现这个功能，以便在交换机转发流水线中运行，而不是在通用服务器上运行。这通常会带来更好的性能，因为数据包可以从源转发到目的地，而不必被转移到服务器上。

调用像 SPGW 和 BNG 这样的函数作为卸载"优化"，可以说是选择性存储的一个示例。准确地说，我们已经把 IP 卸载给了交换机，因为 IP 转发有时也运行在通用处理器上的软件内。大致而言，SPGW 和 BNG 只是专用的 IP 路由器，分别扩展了蜂窝和有线接入网络独有的附加功能。从总体上来看，网络是由转发功能的组合构建的，现在，关于什么硬件芯片最合适实现这些功能，我们有了更多的选择。

除了选择要包含哪些扩展之外，预处理器还定义了几个常量，包括每个逻辑表的大小。显然，这种实现是构建可配置转发流水线的低级方法。设计用于组合的高级语言构造，包括在运行时向流水线动态地添加功能的能力，是一个还在研究的课题。

SDN 的未来

SDN 目前仍然处于早期阶段。云承载的控制平面正在生产网络中部署，但我们才刚刚开始看到 SDN 在接入网络和正使用中的可编程流水线上进行实验，以引入新的数据平面功能。企业在不同程度上采用了网络虚拟化和 SD-WAN，但传统网络仍比软件定义的网络要多一些。随着技术的成熟和 API 的趋于稳定，我们期望看到前面讨论过的用例得到更多的采用，但可能仍是新的用例对 SDN 最终扮演的角色产生最大的影响。事实上，支持在传统网络中不可能实现的功能的能力，是 SDN 承诺的一个重要部分。本章介绍了两个很有前途的新兴功能的例子。

8.1　可验证网络

众所周知，使网络对失败、攻击和配置错误具有可验证的健壮性和安全性是很困难的。尽管人们在应用级安全性方面取得了进展，但在解决底层网络基础设施的安全性和健壮性方面所做的工作却很少。尽管计算机网络的可编程性不断提高，但大多数网络仍然是由封闭的 / 私有的软件和复杂的 / 固定功能的硬件构建的，它们的正确性很难证明，它们的设计来源也不明确。

5G 网络和应用的出现只会加剧这种局面。5G 网络不仅将连接智能手机和人，还会连接任何东西：从门铃、电灯、冰箱到自动驾驶汽车和无人机。如果我们不能确保这些网络的安全，那么网络灾难的风险将比迄今所经历的任何灾难都要严重得多。

确保 Internet 安全的一个关键能力是可验证性：确保网络中的每个数据包都遵循运营商指定的路径的能力，以及在运营商渴望的每个设备中只遇到一组转发规则的能力。不多也不少。

经验表明，在以组合的（即可分解的）方式构建整个系统的环境中，验证性工作得最好。能够解释小的组件使得验证变得容易处理，并且将这些组件缝合在一起放入复合系统所需的正当理由也可以带来一些见解。基于分解，可验证性来自陈述意图的能力，以及精细粒度、实时观察行为的能力。这正是 SDN 上得了台面的价值，这使我们乐观地认为，可验证的闭环控制现在触手可及了。

扩展阅读

N. Foster, et. al. Using Deep Programmability to Put Network Owners in Control. ACM SIGCOMM Computer Communication Review, October 2020.

图 40 说明了这种基本的思想。本书中描述的软件栈增加了验证闭环控制所需的测量、代码生成和验证组件。细粒度的测量可以使用 INT（Inband Network Telemetry，带内网络遥测）来实现，它允许每个数据包被转发组件标记，以指示它所走的路径、经历的队列延时以及所匹配的规则。然后可以分析这些测量值并反馈到代码生成和形式化的验证工具中。这个闭环补充了分解的内在价值，使得解释构造正确性（correctness-by-construction）成为可能。

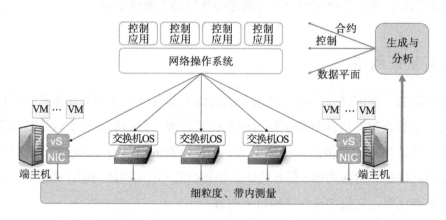

图 40 INT 产生细粒度的测量值，这些测量值反过来反馈给验证网络行为的闭合控制回路

目标是使网络运营商能够自顶向下地指定网络的行为，然后验证每个接口的正确性。在最低层面，P4 程序指定如何处理数据包，这些程序编译后运行在转发平面的组件上。基于这两个关键的见解，这种方法代表了一种基础性的新能力，这在传统设计中是不可能的。

自顶向下的验证

本节描述的验证网络的方法与芯片设计中所使用的方法类似。顶层是行为模型；然后寄存器 – 传送层是 Verilog 或 VHDL 模型；最后，底层是晶体管、多边形和金属。各种工具用于形式化验证每个边界和抽象层的正确性。

这是我们正在这里讨论的一个模型：用自顶向下的设计方法验证跨边界。这可以通过新的 SDN 接口和软件栈定义的抽象来实现，这个软件栈会一直延伸到交换芯片提供的可编程转发流水线。

正如硬件验证经验所表明的那样，这种方法在组合系统中最有效，其中，每个最小的组件都可以自行验证或可靠性测试。然后，当组件位于层的边界处时，就使用形式化工具。

首先，虽然网络控制平面本身就很复杂，但 P4 数据平面采集了网络的基本情况，即它如何转发数据包，因此它是部署验证技术的一个很有吸引力的平台。通过观察并验证数据平面的行为，可以减少可信计算需要的基础：交换机操作系统、驱动程序和其他低级组件不再需要可信。此外，尽管控制平面倾向于使用通用语言编写（相应地也复杂一些），但数据平面必须要简单：它最终将被编译成一个高效的、前向反馈的流水线架构，这种架构具有简单数据类型和有限的状态。虽然在一般情况下验证通用软件是不可能的，但数据平面验证却既强大又实用。

这种实用性的主张是基于目前最先进水平的。一旦定义并知道了转发行为，那么转发表状态就定义了转发行为。例如，如果已知所有内容都是 IPv4 转发的，那么所有路由器中的转发表状态就足以定义网络行为。这个想法已经被 Veriflow 和 HSA（Header Space Analysis，报头空间分析）等技术简化为具体的实践，而且现在已经商用。我们意识到这种状态足以验证具有固定转发行为的网络，这意味着我们"仅仅"增加了一个新的自由度：允许网络运营商使用 P4 编程转发行为（并随时间演化）。使用 P4 编程数据平面是关键：该语言小心地排除了循环和基于指针的数据结构等特性，这些特性通常使分析变得不切实际。要想了解更多关于这个良机的信息，我们推荐 Jed Liu 及其同事的一篇论文。

扩展阅读

J. Liu, et. al. p4v: Practical Verification for Programmable Data Planes. ACM SIGCOMM 2018.

其次，除了构建分析网络程序的工具外，还必须开发基于深度防御提供更高级别保障的技术。这解决了当前网络验证方法的一个主要弱点——它们基于网络组件的数学模型，因此当这些组件的行为方式与模型中所获取的行为方式不同时，可能会产生错误的答案。通过利用 P4 数据平面采集各种遥测和其他监测数据的能力，可以开发出将静态验证组件与运行时验证相结合的网络验证工具。

为了将这一切放在一个历史背景中，1.3 节表明，我们现在处于 SDN 的第二个阶段。图 41 将此扩展到未来，含有第三个阶段，在此阶段，可验证的闭环控制将使得网络运营商能够完全拥有定义其网络的软件。这使得网络所有者能够进一步定做自己的网络，使其与竞争对手区别开来。

图 41   展望未来，三阶段的 SDN 专注于可验证的、自上而下的网络行为控制

8.2   SD-RAN

早期围绕 5G 的广告宣传大多是关于它所带来的带宽增加，但 5G 的承诺主要是从单一的接入服务（宽带连接）转变到更丰富的边缘服务和设备集合，包括支持沉浸式用户界面（例如 AR/VR）、任务关键的应用（例如公共安全、自动驾驶）和 IoT（Internet-of-Things，物联网）。只有将 SDN 原理应用于 RAN（Radio Access Network，无线接入网），从而提高特征速度，许多新应用才可行。正因为如此，移动网络运营商正在努力实现 SD-RAN（Software-Defined RAN，软件定义 RAN）。

扩展阅读

SD-RAN Project. Open Networking Foundation. August 2020.

要从技术层面理解 SD-RAN，重要的是要认识到，针对所有的实际应用，组成 RAN 的基站都是数据包转发器。一个给定地理区域中的一组基站相互协调，以分配共享的、极其稀缺的无线频谱。它们做出切换决策，决定联合服务给定的用户（将其视为链路聚合的 RAN 变体），并根据观察到的信号质量做出数据包调度决策。在当下，这些都是纯粹的局部决策，但将其转化为一个全局优化问题，正是 SDN 的方向。

SD-RAN 的思想是，让每个基站将本地采集的无线电传输质量统计信息报告给中心 SDN 控制器，它将来自一组基站的信息组合起来，构建利用无线频谱的全局视图。例如，一组控制应用（一个侧重于切换，一个侧重于链路聚合，一个侧重于负载平衡，一个侧重于频率管理）可以使用此信息做出全局最优决策，并将控制指令推送回到各个基站。这些控制指令并不是以传输单个段的粒度来调度的（即，在每个基站上仍然有一个实时调度器，就像 SDN 控制的以太网交换机仍然有一个本地数据包调度器一样），但是它们确实对基站施加了近乎实时的控制，在不到 10 毫秒的时间里可以测量出控制回路。

与已验证的闭环控制示例一样，刚刚描述的场景是可以实现的，SD-RAN 用例中 ONOS 的重定向目标已经在进行中。图 42 展示了这个设计，它引入了一些新的组件，但主要构建在现有的 ONOS 架构之上。在某些情况下，这些改变是表面

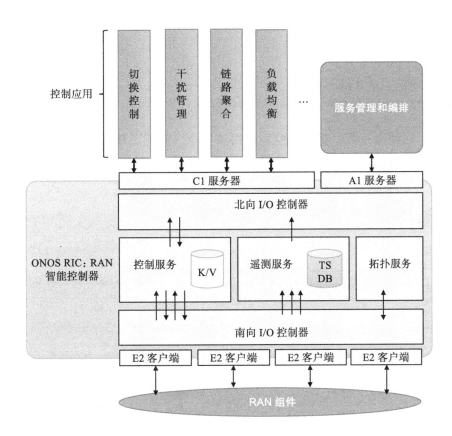

图 42　通过改编和扩展 ONOS 构建的符合 3GPP 标准的 RIC

的。例如，ONOS 采用来自 3GPP 和 O-RAN 标准化机构的术语⊖，其中最显著的是，NOS 被称为 RIC（RAN Intelligent Controller，RAN 智能控制器）。在其他情况下，这是采用标准化接口的问题：C1 接口用于控制应用与 RIC 通信；A1 接口用于操作员配置 RAN；E2 接口用于 RIC 与底层 RAN 组件进行通信。这些接口的详细内容超出了本书的范围，但对于我们而言，重要的一点是它们与支持任何其他标准的北向和南向接口（例如 gNMI、gNOI 和 OpenFlow）没有区别。

基于 ONOS 的 RIC 利用了第 6 章中描述的拓扑服务，但是它也引入了两个新的服务：控制和遥测。基于 Atomix 键 / 值存储的控制服务，管理所有基站和用户设备的控制状态，包括哪个基站为每个用户设备服务，以及可以连接设备的一组"潜在链路"。遥测服务建立在 TSDB（Time Series Database，时间序列数据库）的基础之上，跟踪由 RAN 组件报告回来的所有链路质量信息。然后，各种控制应用对这些数据进行分析，以做出有关 RAN 如何能够最好地满足其数据传送目标的明智决策。

为了广泛地介绍 5G 移动网络分离所涉及的内容，使其能够在软件中实现，我们推荐以下配套书籍。

> **扩展阅读**
>
> L. Peterson and O. Sunay. 5G Mobile Networks: A Systems Approach. June 2020.

最后，回到上一节，将闭环验证应用到一个分解的、软件定义的蜂窝网络是下一件明确要做的事情。

⊖ 3GPP（3rd Generation Partnership Project，第三代合作伙伴计划）自 3G 以来就一直负责移动蜂窝网络的标准化，而 O-RAN（Open-RAN Alliance，O-RAN 联盟）是移动网络运营商联盟，定义了基于 SDN 的 5G 实施策略。

动手编程

我们有一系列的编程练习，它们提供了与本书中所描述的软件有关的实践体验。它们包括：

- 使用 Stratum 的 P4Runtime、gNMI、OpenConfig 和 gNOI 接口
- 使用 ONOS 控制 P4 编程的交换机
- 编写 ONOS 应用程序，实现控制平面的逻辑
- 在 Mininet 中使用 bmv2 测试软件栈
- 使用 PTF 测试基于 P4 的转发平面

这些练习假定你熟悉 Java 和 Python（尽管每个练习都附带入门代码）因此熟练程度不需要太高。练习还使用了 Mininet 网络仿真器、基于 P4 的 bmv2 交换机仿真器、PTF 数据包测试框架和 Wireshark 协议分析器。有关这些软件工具的更多信息，将在各自的练习中提供给你。

这些练习源于 ONF 制作的《下一代 SDN 教程》，因此，它们附带了一系列在线教程幻灯片，介绍了练习中所涵盖的主题：

- http://bit.ly/adv-ngsdn-tutorial-slides

这些幻灯片与本书所涵盖的材料有着明显的重叠，因此，是否从这些幻灯片开始并不重要，但它们可以是一个很好的补充资源。

环境

你将在自己的笔记本电脑上的虚拟化 Linux 环境中进行这些练习。本节介绍如何安装和准备该环境。

系统要求

虚拟机的当前配置是 4GB RAM 和 4 核 CPU。这些是我们所建议的能够完成练习的最低系统要求。虚拟机还占用了大约 8GB 的 HDD 空间。为了获得一个流畅的体验，我们建议在一个主机系统上运行虚拟机，该主机系统的资源至少要达到上述要求的两倍。

下载虚拟机

单击以下链接下载虚拟机（4GB）：

- http://bit.ly/ngsdn-tutorial-ova

虚拟机是 .ova 格式，并已使用 VirtualBox v5.2.32 创建。你可以使用任何新的虚拟化系统来运行虚拟机，但我们仍建议使用 VirtualBox。以下链接提供了关于获取 VirtualBox 和导入虚拟机的说明：

- https://www.virtualbox.org/wiki/Downloads
- https://docs.oracle.com/cd/E26217_01/E26796/html/qs-import-vm.html

或者，你可以使用这些脚本在你的机器上使用 Vagrant 构建虚拟机。

Windows 用户

所有脚本都在 MacOS 和 Ubuntu 上进行了测试。虽然它们应该能够在 Windows 上工作，但它们还没有被测试。因此，我们建议 Windows 用户下载提供的虚拟机。

此时，你可以启动虚拟机（Ubuntu 系统），并使用证书 sdn/ rocks 登录。本节后面（以及练习本身）中给出的指令将在运行的虚拟机中执行。

克隆存储库

要进行练习，你需要克隆以下存储库：

```
$ cd ~
$ git clone -b advanced \
  https://github.com/opennetworkinglab/ngsdn-tutorial
```

如果虚拟机中已存在 ngsdn-tutorial 目录，请确保更新其内容：

```
$ cd ~/ngsdn-tutorial
$ git pull origin advanced
```

请注意，存储库有多个分支，每个分支都有不同的操作配置。请始终确保你处在最新的分支上。

更新依赖

虚拟机可能附带了比练习所需版本更旧的依赖项。可以使用以下命令升级到其最新版本：

```
$ cd ~/ngsdn-tutorial
$ make deps
```

此命令将下载所有必要的 Docker 映像（大约 1.5 GB），以允许你离线完成练习。

使用 IDE

在练习过程中，你需要用多种语言（例如 P4、Java、Python）编写代码。虽然这些练习不需要使用任何特定的 IDE 或代码编辑器，但有一种选择是 Java IDE IntelliJ IDEA 社区版，它预装了用于 P4 语法突出显示和 Python 开发的插件。我们建议使用 IntelliJ IDEA，尤其是在处理 ONOS 应用程序时，因为它为所有 ONOS API 提供了代码补全功能。

存储库结构

你克隆的存储库的结构如下：

- p4src\ →数据平面实现（P4）

- yang\ →配置模型（YANG）
- app\ →定制 ONOS 应用程序（Java）
- mininet\ → 2×2 叶 – 脊（Mininet）
- util\ →实用程序脚本（Bash）
- ptf\ →数据平面单元测试（PTF）

请注意，这些练习包括到 GitHub 上的各种文件的链接，但不要忘了在笔记本电脑上克隆这些相同的文件。

命令

为了方便练习工作，存储库提供了一套执行（make）目标，以控制过程的不同方面。具体的命令将在各自的练习中介绍，但下面是一个快速的参考：

- make deps →拉取并构建所有必需的依赖项
- make p4-build →建立 p4 程序
- make p4-test →运行 PTF 测试
- make start →启动 Mininet 和 ONOS 容器
- make stop →停止所有容器
- make restart →重新启动容器，清除任何以前的状态
- make onos-cli → 访问 ONOS CLI（密码：rocks，按 Ctrl-D 退出）
- make onos-log →显示 ONOS 日志
- make mn-cli →访问 Mininet CLI（按 Ctrl-D 退出）
- make mn-log →显示 Mininet 日志（即 CLI 输出）
- make app-build →构建定制的 ONOS 应用程序
- make app-reload →安装并激活 ONOS 应用程序
- make netcfg →推送 netcfg.json 文件（网络配置）到 ONOS

执行命令

提醒一下，这些命令将在你刚刚创建的虚拟机中打开的终端窗口中执行。请确保你位于克隆的存储库的根目录（主 Makefile 所在的目录）下。

练习

以下列出（和链接到）各个练习。一共有 8 个练习和 8 个章节（这是一种巧合）。练习 1 和 2 专注于 Stratum，最好是在你阅读了第 5 章之后进行。练习 3 ~ 6 专注于 ONOS，最好是在你阅读了第 6 章之后进行。练习 7 和 8 专注于 Trellis，最好是在你阅读了第 7 章之后进行。请注意，练习是相互依赖的，因此最好按顺序进行。

1. P4Runtime 基础
2. YANG、OpenConfig 和 gNMI 基础
3. 使用 ONOS 作为控制平面
4. 启用 ONOS 内置服务
5. 使用 ECMP 实现 IPv6 路由
6. 实现 SRv6
7. Trellis 基础
8. 带 fabric.p4 的 GTP 终端

你可以在克隆的存储库的答案（solution）子目录下找到每个练习的答案。如果你被卡住了，请随时将你的答案与参考答案进行比较。

图形接口

当练习需要查看图形输出时，你会访问 ONF 云教程门户（ONF Cloud Tutorial Portal）。这用于 ONF 运营教程中所用的云承载虚拟机，这里也适用。另外，这些练习还介绍了如何访问在笔记本电脑上本地运行的 GUI。

如果你对如何改进这些练习有任何建议，请发送电子邮件至 ng-sdn-exercises @ opennetworking.org 或者将问题发布到 GitHub（地址为 https://github.com/opennetworking-lab/ngsdn-tutorial/issues/new）。

计算机网络：自顶向下方法（原书第7版）

作者：[美]詹姆斯·F.库罗斯（James F. Kurose）基思·W.罗斯（Keith W. Ross）
译者：陈鸣 ISBN：978-7-111-59971-5 定价：89.00元

　　自从本书第1版出版以来，已经被全世界数百所大学和学院采用，被译为14种语言，并被世界上几十万的学生和从业人员使用。本书采用作者独创的自顶向下方法讲授计算机网络的原理及其协议，即从应用层协议开始沿协议栈向下逐层讲解，让读者从实现、应用的角度明白各层的意义，进而理解计算机网络的工作原理和机制。本书强调应用层范例和应用编程接口，使读者尽快进入每天使用的应用程序环境之中进行学习和"创造"。

计算机网络：系统方法（原书第5版）

作者：[美]拉里 L.彼得森（Larry L. Peterson）布鲁斯 S.戴维（Bruce S. Davie）
译者：王勇 张龙飞 李明 薛静锋 等 ISBN：978-7-111-49907-7 定价：99.00元

　　本书是计算机网络方面的经典教科书，凝聚了两位顶尖网络专家几十年的理论研究、实践经验和大量第一手资料，自出版以来已经被哈佛大学、斯坦福大学、卡内基-梅隆大学、康奈尔大学、普林斯顿大学等众多名校采用。

　　本书采用"系统方法"来探讨计算机网络，把网络看作一个由相互关联的构造模块组成的系统，通过实际应用中的网络和协议设计实例，特别是因特网实例，讲解计算机网络的基本概念、协议和关键技术，为学生和专业人士理解现行的网络技术以及即将出现的新技术奠定了良好的理论基础。无论站在什么视角，无论是应用开发者、网络管理员还是网络设备或协议设计者，你都会对如何构建现代网络及其应用有"全景式"的理解。